BIBLIOTHÈQUE DES MERVEILLES

LA MIGRATION DES OISEAUX

PAR

A. DE BREVANS

OUVRAGE

ILLUSTRÉ DE 89 VIGNETTES SUR BOIS

PAR RIOU ET A. MESNEL

ET ACCOMPAGNÉ D'UNE CARTE

PARIS

LIBRAIRIE HACHETTE ET Cⁱᵉ

79, BOULEVARD SAINT-GERMAIN, 79

BIBLIOTHÈQUE
DES MERVEILLES

PUBLIÉE SOUS LA DIRECTION

DE M. ÉDOUARD CHARTON

LA MIGRATION
DES OISEAUX

21 210. — PARIS, TYPOGRAPHIE LAHURE
Rue de Fleurus, 9

BIBLIOTHÈQUE DES MERVEILLES

LA MIGRATION
DES OISEAUX

PAR

A. DE BREVANS

OUVRAGE

ILLUSTRÉ DE 89 VIGNETTES SUR BOIS

PAR RIOU ET A. MESNEL

ET ACCOMPAGNÉ D'UNE CARTE

PARIS

LIBRAIRIE HACHETTE ET Cie

79, BOULEVARD SAINT-GERMAIN, 79

1878

A TOUSSENEL

Maître,

Après la nature, notre reine souveraine, vous avez
été le grand inspirateur de ce livre : Veuillez en
agréer l'hommage.

MIGRATION DES OISEAUX

CHAPITRE PREMIER

INTRODUCTION

Ce n'est pas une des moindres curiosités ou des
moindres merveilles de la nature que la trans-
lation bisannuelle du monde des oiseaux des contrées du Nord vers celles du midi, et de celles-ci
vers les premières. Quelques espèces parmi les
quadrupèdes, les poissons et les insectes, sont
aussi soumises à des migrations; mais la généralité et la régularité de ce double mouvement de
va-et-vient chez les oiseaux, comme s'il était
astreint aux oscillations d'un vaste pendule; la
puissance de locomotion qu'il suppose chez ces

êtres, en apparence si frêles, pour accomplir leurs vastes parcours ; la sagacité qu'il implique pour prévoir les saisons, les conditions de l'atmosphère et la direction dans l'espace, étonnent l'imagination, et la surprise diminue à peine lorsqu'on cherche à approfondir les choses, à déterminer les causes, les lois, les péripéties de ce grand phénomène.

Ce qu'il y a de clair, tout d'abord, c'est qu'ils suivent le soleil, les heureux mortels ; échappant ainsi aux froidures et aux tristesses de l'hiver.— Ah ! si l'homme avait des ailes et pouvait se contenter de ce léger bagage, combien d'entre nous suivraient leur exemple !

*
* *

Le fait de la migration des oiseaux nous est révélé, au printemps et à l'automne, par les grands vols que nous voyons passer et se perdre à l'horizon, par tous les volatiles, souvent étrangers à la contrée, que nous rencontrons dans les bois, dans les champs, à des époques déterminées et qui, quelques jours après, ont tous disparu. Mais de là à savoir d'où ils viennent, là où ils vont, quel mobile les pousse, il y a loin ! Il a fallu bien des observations ; il a fallu surtout que les

communications s'établissent entre les contrées
les plus éloignées ; en un mot, que l'histoire naturelle ait eu le temps et la possibilité de se consti-
tuer, pour que nous arrivions à une connaissance
tant soit peu précise. Jusque-là et dans tous les

siècles passés , que de fables, que de
contes ont été émis sur ce sujet, comme
sur bien d'autres. En voyant les oiseaux
disparaître aux approches de l'hiver, on a supposé
qu'ils se métamorphosaient en quelques autres
espèces animales, ou qu'ils se refugiaient dans
des trous et s'y engourdissaient à la manière des
loirs et des marmottes. Des charmantes hirondelles, les *filles de l'air* par excellence, on a osé dire
qu'elles s'immergeaient dans les marais et s'y

enfouissaient dans la vase, comme de hideux batraciens : donnant pour preuve à l'appui que des
pêcheurs, en ayant ramené dans leurs filets et les
ayant mises à cuire avec d'autres captures, rani-
mées par la chaleur elles avaient repris leur vol.

Les Filles de l air.

Et ce conte-bleu a eu tellement cours, qu'il y a
quelques années à peine, un journal sérieux de
Paris le rapportait encore comme tout récent —
Risum teneatis.

Or, nous savons pertinemment aujourd'hui,

par les témoignages de nombreux voyageurs-explorateurs, que tandis que nous nous pressons autour de nos foyers, en hiver, l'hirondelle se chauffe gaiement au brillant soleil des oasis d'Afrique. Dès le milieu du siècle dernier, le naturaliste Adanson écrivait à Buffon que, dans son long séjour au Sénégal, il avait toujours vu cet oiseau y arriver à l'époque où il quitte la France, et en partir au temps où il nous revient. D'autre part, son passage dans les contrées intermédiaires est constaté partout, comme nous le constatons nous-mêmes lorsque nous voyons les sujets de l'espèce se rassembler en foule pour se préparer au départ, puis disparaître et passer en octobre en rasant le sol d'un vol continu et en cinglant droit au Sud. Le continent africain est donc leur lieu de station hivernale, comme l'Europe est leur point de station estivale. Et ainsi des autres oiseaux qui, purement et simplement, changent de climats, grâce aux moyens de locomotion dont la nature les a pourvus, et plus ou moins au loin, selon leur tempérament et leurs conditions d'existence.

*
* *

Les contes fantastiques du passé ont eu, sans
doute, pour origine le manque d'observations
suivies et généralisées, ainsi que l'ignorance des
faits et gestes des oiseaux, par la rareté des communications précédentes sur la surface du globe ;
mais bien aussi la difficulté pour l'esprit humain
de se rendre compte des moyens d'action qui leur
sont dévolus pour accomplir de si longs voyages.
L'homme moderne a, comme moyens de locomotion, la vapeur, les navires ; comme direction,
la boussole, le calcul sidéral, la topographie ;
comme connaissance du temps, le calendrier, le
chronomètre ; comme prévision de l'état atmos-
phérique, le baromètre, le thermomètre, l'hygro-
mètre et les observations météorologiques : autant
de moyens factices, produits de la science, qui
s'ajoutent à ceux qui lui sont naturels et qui les
centuplent. L'oiseau n'a que ces derniers ; mais
portés à une puissance dont nous ne pouvons
nous faire idée à première vue. Il importera donc,
pour se rendre compte de la migration, qu'après
en avoir déterminé les causes et les motifs, on en
pose la possibilité, la facilité même, pour les
oiseaux. Le travail est facile ; car la science est
faite sur ce point : Notre grand naturaliste Buffon

en a lui-même tracé les bases dans son excellent *Discours sur la nature des oiseaux*, et il n'y a qu'à les rappeler.

Il y développe longuement la nécessité de l'étude de cette phase importante de la vie des êtres volatiles, comme complément de l'histoire naturelle ; par cette raison que tant que nous ne connaîtrons pas leurs agissements dans cette période, nous ne saurons d'eux que la moitié de leur existence ; et il s'était promis d'y consacrer un traité spécial ; mais là, comme dans l'exécution de son vaste plan de l'histoire entière du règne animal, le temps lui a fait défaut. Il est douteux, d'ailleurs, que dans l'état des connaissances d'alors et la difficulté des communications sur une assez vaste étendue, il eût pu y apporter d'autres lumières précises que celles de sa grande intuition des choses de la nature. Lui-même le reconnaît par cette réflexion d'un sens plus général, mais aussi modeste que vrai : « *Ce n'est qu'avec le temps, et je puis dire dans la suite des siècles, qu'on pourra donner une histoire complète des oiseaux.* » — Il n'y a donc pas à critiquer quelques incertitudes ou erreurs de son œuvre ; mais à suivre son exemple en rassemblant, en précisant, en développant, les notions acquises au temps présent. C'est le but de ce livre, qui laissera une

large marge aux explorateurs de l'avenir ; car, bon
gré mal gré, nombre de points resteront encore
dans la pénombre.

Depuis Buffon, et, pour une bonne part, à l'aide
de ses données plus certaines, les observations
se sont multipliées en raison de l'activité des
esprits dans toutes les branches de l'histoire naturelle et des relations sans cesse croissantes entre
toutes les contrées de notre globe. Toussenel, un
chasseur naturaliste, qui a puisé ses connaissances
sur le vif tout autant que dans la science, a jeté
un grand jour sur la migration dans son livre du
Monde des oiseaux, aussi charmant et humouris-
tique dans la forme que savant èt judicieux dans
le fond ; et on peut dire qu'à lui seul il a formulé
le second pas dans l'étude de la question.

Comme cet excellent ami des bêtes et des gens,
et le mien personnel à ce double titre, j'ai beaucoup couru les champs et les bois, et je les cours
encore avec grand enchantement, chassant et pour-
chassant la gent volatile, et par conséquent obligé,
autant que désireux, de m'enquérir de ses faits et
gestes. J'en avais rapporté un contingent d'observations, lorsque sentant l'insuffisance de l'étude
individuelle et forcément locale sur un fait d'une
si vaste étendue — aucun observateur n'ayant le
don d'ubiquité — l'idée me vint d'ouvrir, en quel-

que sorte, un observatoire général et permanent. Le journal *La Chasse Illustrée*, qui me fait l'honneur de me compter au nombre de ses collaborateurs, m'en offrait l'occasion et le moyen. Je conviai tous ses lecteurs de bon vouloir à une collaboration commune, les priant d'envoyer à ce bureau central des bulletins détaillés de la migration locale, comprenant le commencement et la fin des passages, leur direction et leur intensité, l'état atmos-phérique, la direction du vent, le degré de température, et tous les renseignements particuliers qu'ils pourraient recueillir.

L'attrait du sujet en lui-même, par ce temps d'investigations et de recherches de connaissances positives en toutes directions, la certitude que dorénavant les observations individuelles auraient leur organe et leur utilisation, eurent assez d'action pour qu'un certain nombre de correspondants répondissent à cet appel et voulussent bien envoyer, de points fort divers, des communications fréquentes et suivies. Il est résulté de ces documents, pris sur nature, un ensemble de notions plus précises et dont quelques-unes ont le mérite d'une complète originalité. C'est l'occasion de féliciter et de remercier ici-même ces honorables collaborateurs, dont les noms et les avis seront souvent cités comme autorités et références.

Telles sont les bases de ce travail qui réunira, dans une étude spéciale, les connaissances acquises précédemment et celles recueillies à ce jour sur la migration des oiseaux.

*
* *

Une dernière considération est nécessaire. Les migrations des diverses espèces varient naturellement de date selon la latitude des lieux ; on pourrait dire plus exactement, suivant leur ligne isothermique ; par la raison bien simple que quelle que soit la vélocité des oiseaux, il leur faut un temps pour franchir les espaces, surtout en tenant compte des stationnements sinon constants du moins habituels. Il convient donc de fixer la ligne à laquelle se rapportent les indications données, sous peine de manquer de précision. Cette ligne ou cette zone, pour prendre une marge suffisante, sera comprise entre le quarante-sixième et le cinquantième parallèle Nord, ce qu'on peut appeler la zone de Paris ; et, pour restreindre le sujet à ses données les plus certaines, il sera surtout fait mention des espèces principales et les plus intéressantes des oiseaux d'Europe, qui se voient communément entre les Alpes et l'Atlantique.

Enfin, aucun homme, quelque nomade qu'ait été son existence, n'étant assez cosmopolite pour que ses idées, ses connaissances, ses appréciations et ses observations n'aient, pour ainsi dire, un *goût de terroir*, le cachet de la contrée où il a passé sa jeunesse et la plus grande part de sa vie active, forcément mes propres considérations auront surtout pour point de départ ce qui se passe dans l'Est de la France, mon pays natal; bien que je sache et que je doive même prévenir que dans le monde des oiseaux, comme dans celui des humains, les us et coutumes changent ou se modifient selon les lieux, d'après l'adage : *Autre pays, autres mœurs!*

CHAPITRE II

MIGRATION GÉNÉRALE

Les oiseaux font leur nourriture, pour l'univer-
salité des espèces, d'abord des insectes et des vers,
ensuite des graines, des fruits et des plantes
elles-mêmes ; et quelques-uns, des oiseaux ou
autres animaux vivants et morts. Pour leur part,
dans l'ordre général de la nature, ils remplissent
la fonction de compensateurs ou d'éliminateurs
de l'exubérance vitale, semée avec une si grande
profusion sur la surface de la terre pour assurer
la persistence des races, et d'expurgateurs des dé-
tritus insolubles et nuisibles, en accomplissant la
grande loi de la sustention de la vie par son propre
ressort, selon un orbe de circulation qui part du
sol et qui y retourne.

On conçoit, dès lors, que cette généralité des
oiseaux serait condamnée à périr de faim, lorsque

les contrées septentrionales sont dépourvues d'insectes et de vers, dans l'atmosphère refroidi, sur le sol couvert de neige et dans les eaux prises par les glaces; que le règne végétal a achevé son évolution annuelle; que les bestioles ont disparu ou se sont enfouies. Il aurait fallu, pour qu'il en fût autrement, qu'ils eussent, comme les animaux à sang froid, la faculté de s'enfouir et de s'engourdir, ainsi qu'on l'a supposé dans le passé; mais la chaleur du sang, qui est un complément de leur existence, y met obstacle; ou qu'ils puissent passer une longue période dans le jeûne et l'abstinence; ce qui serait à l'inverse de l'ordre physique où toute force active exige une alimentation. Si quelques espèces et quelques individus isolés résistent et demeurent sous ces climats, de plein gré ou forcément, c'est qu'ils trouvent à glaner un reste de nourriture qui serait insuffisant pour la masse; et encore bien des privations, bien des angoisses sont leur partage. La preuve en est qu'on ne les retrouve pas plus nombreux ni en meilleur embonpoint, à la fin de l'hiver, que ceux qui nous reviennent après avoir subi les fatigues d'un long voyage, et qu'ils sont réduits souvent à venir chercher à nos portes un peu de nourriture.

Un parti, donc, leur restait à prendre : émigrer

en masse vers de plus chaudes contrées où toute
vie n'a point cessé. La nature leur en a donné le
moyen, et ils en profitent.

La subsistance! telle est donc la cause première
de la migration des oiseaux. Sans aucun doute,
l'abaissement de la température n'est pas insen-
sible à leur constitution nerveuse et impression-
nable; néanmoins, chaudement vêtus pour la
plupart, ils le supportent jusqu'à un certain degré,
pourvu qu'ils aient le vivre; mais il ne s'y expo-
sent point de gaieté de cœur, et la chaleur est
leur vrai milieu. Dans mon enfance, j'avais une
passion pour les charmants petits cinis ou serins
d'Europe. Comme il m'était pénible de les voir
perpétuellement enfermés dans une cage étroite,
je leur donnais souvent la liberté. Je dus y
renoncer par les froids vifs : leur première préoc-
cupation était de voler droit au foyer où ils se
grillaient les pattes, indifférents à la souffrance,
tant ils étaient charmés de sentir une chaude température.

Le froid n'est en réalité qu'un point secondaire
par rapport à eux ; bien qu'il soit le premier en
ce qu'il détermine le précédent. L'une et l'autre
causes, en tout cas, étant simultanées, sont largement suffisantes pour motiver la migration et il
est inutile de chercher ailleurs. C'est pour la géné-

ralité des oiseaux une question de vie ou de mort.

***

Les oiseaux d'Europe, en comprenant sous ce nom tous ceux qui nichent plus ou moins dans

Perdrix.

notre continent, s'élèvent à environ cinq cents espèces. Sur ce nombre, tout au plus trente ou quarante, telles que les perdrix, le moineau franc, etc. sont sédentaires et demeurent à poste fixe sur les lieux qui les ont vues naître. Toutes les autres émigrent plus ou moins au Sud : les unes se contentant de la limite des grands froids, les autres gagnant les contrées plus tempérées du midi de l'Europe ou celles plus chaudes de l'A-

frique septentrionale ; d'autres, enfin, s'avançant
jusque sous les tropiques ou n'hésitant pas à franchir l'équateur pour retrouver dans l'hémisphère
austral un climat analogue à celui qu'elles vien-

Moineaux francs.

nent de quitter. On a l'indication de ces divers
parcours par des observations suivies et bien
déterminées aujourd'hui, comme on l'a déjà vu
pour l'hirondelle, et, spécialement pour la transmigration équatoriale, par la présence de quel-

ques-unes de nos espèces d'Europe dans l'autre hémisphère ; ensuite par quelques faits particuliers, notamment celui-ci : Vers 1820, un naturaliste de Bâle, voyant une cigogne de passage qui portait un trait par le travers du corps, ne put résister à la curiosité de savoir ce que pouvait être ce phénomène anormal et tua l'oiseau. Ce trait n'était autre qu'une flèche qui fut reconnue comme particulière aux peuplades sauvages qui habitent les contrées voisines du Cap de Bonne-Espérance. Ainsi cette cigogne avait été blessée dans ces parages, et, néanmoins, grâce à la puissance de locomotion des oiseaux, elle avait pu accomplir un immense trajet malgré sa blessure et l'obstacle du trait.

Cette même simultanéité de quelques-unes de nos espèces sur le continent américain a fait qu'on s'est demandé si les mieux doués comme vol ne pouvaient point passer directement de l'un à l'autre des deux continents, soit des côtes de France, d'Espagne ou d'Afrique, et réciproquement.

La grande Frégate, le maître-voilier parmi les oiseaux, le petit Pétrel ou l'oiseau des tempêtes, se rencontrent en plein océan. Le naturaliste Cotesby rapporte y avoir vu également un hibou. Mais un vol de douze cents lieues d'une traite va au delà de notre imagination, et, en

La Frégate, page 19.

attendant des preuves positives, il est plus naturel de penser que les espèces communes à l'ancien

Pétrels.

et au nouveau monde ont passé et passent à leur
volonté de l'un à l'autre par le Nord, là où les

terres se rapprochent, au point de se toucher presque au détroit de Bering.

L'homme, attaché à la terre et ne pouvant quitter sa surface par ses moyens naturels, a bien trop de peine à concevoir ces grands parcours aé- riens et la merveilleuse faculté de direction qu'ils impliquent, pour qu'il ne lui soit pas nécessaire de s'en rendre un compte exact. L'examen rapide de l'organisme de ces êtres, si frêles et si puissants, néanmoins, nous donnera le mot de l'énigme.

*
* *

La puissance du vol des oiseaux, leur facilité d'évolutions, nous apparaissent chaque jour. Les Martinets de nos cités que nous voyons, le soir, prendre leurs ébats par familles et décrire de grands et rapides circuits, passent comme des traits ; à peine pouvons-nous distinguer leur forme. L'alouette mignonne, tout en chantant sa joyeuse chanson, monte, monte dans le ciel et disparaît à nos yeux. Elle s'élève ainsi à près d'un kilo- mètre, toujours chantant à pleine poitrine, et sa voix nous arrive encore claire et distincte à l'oreille. Le pigeon-messager, si fort de mode aujourd'hui, fait de vingt à trente lieues à l'heure, dans ses grandes courses, etc, etc.

C'est que le vol est l'attribut par exellence de

l'oiseau qui doit, dans ses types les plus carac-
téristiques, parcourir l'atmosphère et y remplir
sa mission. La nature a concentré dans cette
faculté toute son action. Elle a construit le volatile en taille-vent, ou pour mieux dire en plan
horizontal, comme notre cerf-volant ; de telle
sorte, qu'il n'a besoin que d'un minime effort
pour prendre son point d'appui sur l'air, quelque mobile et peu résistant que soit ce fluide, et
que toute sa puissance reste libre pour l'éva-
luation. Sa légèreté spécifique, c'est-à-dire son
poids, par rapport à son volume, est sans proportion avec celle de tous les autres animaux, car
son épaisse enveloppe de plumes n'a qu'une
pesanteur infime : d'autre part, sa charpente os-
seuse, très-résistante néanmoins, est réduite à
sa plus simple expression, à des lamelles ou à de
légers tubes creux ; ses muscles, strictement éco-
nomisés, n'ont de développement que sur la poitrine, centre d'action des ailes, où ils représen-
tent un volume plus considérable que ceux de
tout le reste du corps, pris ensemble. Sa respira-
tion est double ; ce qui explique chez un grand
nombre l'action simultannée du vol et du chant.
Enfin, la chaleur de son sang est le foyer indispensable de sa vélocité.

Quant à l'application de cette force mécanique,

elle n'est pas moins judicieusement combinée. Elle repose sur la forme elliptique très-allongée du corps et le plan horizontal, en quelque sorte rectiligne, des ailes, qui offrent le moins de résistance possible au milieu ambiant, c'est-à-dire à l'air ; sur la conformation de ces dernières, rames ou voiles motrices, à la fois résistantes et souples, dont les surfaces héliçoïdales inférieures multiplient les points d'appui et décrivent, dans leur double mouvement de haut en bas et d'avant en arrière, deux spires de propulsion rassemblant la force et la convergeant dans l'axe général ; sur la mobilité du centre de gravité, soit latéralement pour le maintien de l'équilibre, par la souplesse des articulations qui unissent le corps aux ailes ; soit longitudinalement pour le mouvement ascensionnel et descensionnel, par l'allongement ou le retrait du cou et la position en avant ou en arrière des ailes ; et, finalement, sur la queue, gouvernail pivotant, également à double effet, latéral et vertical.

De toutes ces actions réunies, résulte la force et l'aisance de propulsion que nous constatons et que quelques naturalistes estiment à quatre-vingts lieues à l'heure pour les plus fins voiliers, comme le Martinet en plein essor, et qu'on évalue communément de quinze à vingt lieues, pour toutes les espèces bien douées, dans les grandes excursions. Buffon cite à l'appui deux exemples devenus légendaires : le faucon d'Henry II qui, s'étant emporté après une outarde canepetière à Fontainebleau, fut pris le lendemain à Malte et reconnu à son collier ; celui envoyé au duc de Lerme, des îles Canaries, et qui revint en seize heures, d'Andalousie à Ténériffe ; ce qui fait, pour un trajet de deux-cent cinquante lieues, près de seize lieues à l'heure.

A cette rapidité, souvent vertigineuse il fallait, sous peine de mésaventures perpétuelles, un guide

Faucon de Henri II.

sûr et certain ; c'est-à-dire, une vue rapide, pénétrante dans ses impressions. La nature n'a point manqué d'y pourvoir. L'œil de l'oiseau, proportionnellement au volume de la tête, est grand et largement ouvert. Indépendamment des deux paupières qui fonctionnent verticalement, une troisième, située en-dessous, dans le grand angle de l'organe, se meut transversalement : semi-diaphane, son office est d'atténuer l'intensité de la lumière dans les moments de repos, et de polir, de lubréfier constamment la cornée pour la délicatesse de la vision. Une quatrième membrane supplémentaire, placée au fond de l'œil, paraît être un épanouissement du nerf optique développant la puissance des impressions. Le globe lui-même est doué d'une certaine élasticité qui lui permet de se bomber ou de s'aplatir selon le besoin ; de telle sorte, que l'oiseau est, à son gré, myope ou presbyte, pour voir de près ou de loin ; ce qui revient à dire qu'il porte avec lui son microscope et son télescope.

Buffon déclare, et son dire n'a rien d'exagéré, que la portée de la vue des rapaces de haut vol est de vingt fois plus grande que celle de l'homme. On en peut conclure que l'oiseau, en général, embrasse d'une façon précise et certaine l'espace qu'il est susceptible de parcourir en un jour, et s'y diriger d'autant mieux qu'à la perfection de l'organe correspondent forcément des perceptions

plus nettes pour son entendement, en même temps
qu'une mémoire des lieux stimulée par des sensations plus vives.

Notre grand naturaliste ne considère pas que
le sens du toucher soit très-développé chez l'oiseau. En ceci, il semble avoir trop restreint le
tact aux conditions de cette faculté dans l'homme
et particulièrement dans sa main; c'est-à-dire, à
la notion de la forme et de l'état des corps. La sensibilité nerveuse de l'oiseau est extrême; la délicatesse de toute sa structure l'indique, et il ne
faut que voir l'appréhension qui le saisit au
moindre contact pour n'en pouvoir douter. Il a
surtout un genre de sensibilité extérieure dévelop-
pée à un degré énorme et qui lui est propre: c'est
celle de l'état calorifique, hygrométrique et élec-
trique de l'atmosphère. Ses plumes, composées
d'une tige sur laquelle s'implantent de fines barbes
portant elles-mêmes une quantité infinie de bar-
bules tenues et légères, sont autant d'hygromè-
tres et d'électromètres qui lui transmettent leurs
impressions, et on peut dire que l'oiseau est un ap-
pareil météorologique vivant et des plus complets.

Chacun de nous ressent plus ou moins, et les
rhumatisés en savent des nouvelles, les influences
de l'état et des mouvements de l'atmosphère : le
vent d'Est est frais et léger; celui du Sud, sec et

chaud ; celui d'Ouest, humide et froid ; celui du Nord, froid et sec. Mais combien l'exquise impressionnabilité de l'oiseau doit en être mise en éveil et y saisir de nuances qui nous échappent. La plus légère modification lui est aussitôt révélée : c'est là son baromètre ! La plus légère brise lui indique sa provenance, c'est là sa boussole ! Il porte donc avec lui tout un observatoire instantané. — Et ce n'est point tout encore !

Le sens de l'ouïe est également poussé chez lui au raffinement ; la pureté de la voix des oiseaux chanteurs en serait à elle seule la preuve manifeste, si nous n'étions perpétuellement à même de le constater. Cette sensibilité d'audition, utile pour la sauvegarde de tous, est, chez les migrateurs nocturnes, autres que les Hiboux et les Chouettes qui voient dans les ténèbres, le complément de la vue : elle leur révèle l'état des lieux qu'ils parcourent par les bruissements du vent dans les forêts, dans les plaines; par le murmure des ondes dans les fleuves et les cours d'eau ou la voix des flots sur les rives ; par tous les bruits de la terre, en un mot. pour ces géographes praticiens tout est indication.

La connaissance des saisons, des jours, des heures, leur est donnée par leurs propres impulsions intérieures, l'amour, la mue, etc; par les astres, par la température, les évolutions des

plantes et des insectes ; par tous les signes de la
nature ; ne nous étonnons plus de la sagacité des
oiseaux ! — Le sauvage humain, qui n'a point
comme nous, civilisés, les renseignements et les
moyens pratiques que la science met à notre usage,
est bien forcé de compter sur ses organes et sur
ces mêmes données physiques, comme moyens
d'appréciation; et nous savons le degré de perspicacité qu'il y acquiert!

C'est à ce point, chez l'oiseau, que ce développement de ces maîtres sens, la vue, l'ouïe, le tact,
ainsi que sa facilité d'évolution qui en fait un
explorateur perpétuel, l'aurait constitué en être
supérieur dans la nature, si le centre commun des
sensations et des impressions, le cerveau, avait
reçu chez lui une ampleur proportionnelle. Il n'en
est point ainsi. Petite tête et peu de cervelle ! Et les
notions si vives que l'oiseau reçoit se circon-
scrivent, quant au résultat, à la fonction qui lui
est dévolue, sans contribuer à l'entendement général. C'est un voyageur magnifiquement doté pour
la locomotion et la direction, un observateur à
l'œil subtil pour tout ce qui concerne la conser-
vation et l'entretien de l'existence ; hors de là, le
moindre mammifère lui en remontrerait en intelligence et en sagacité. Ce n'est donc pas tout à fait
sans motif qu'un certain nombre de locutions, peu

honorifiques pour les oiseaux, sont passées dans le langage usuel : *Tête de linotte, bête comme une oie*, etc., etc. Assez d'autres belles qualités leur sont reconnues! Mais restons dans notre sujet et n'anticipons point sur le domaine de l'histoire naturelle générale. Ce qu'il fallait établir, c'était, d'une part, les causes de la migration ; de l'autre, les moyens mis à la disposition des oiseaux pour l'accomplir. Cela fait, voyons la marche qu'ils suivent.

*

Si tous avaient le même genre d'existence et le même régime, s'ils étaient sensibles au même degré aux influences du froid, tous n'auraient qu'une direction et les mêmes zones de stationnement aux deux points extrêmes de leur course. Il est loin d'en être ainsi dans l'ordre universel, qui a pour but au contraire de les disséminer sur toute la surface de la terre, pour l'accomplissement de leur mission. Les uns sont tout à fait aquatiques; les autres habitent les marais et les terres humides ; ceux-ci, les bois ou les champs; ceux-là les lieux élevés. Beaucoup sont chaudement vêtus d'un épais édredon et ne redoutent pas la froidure; beaucoup d'autres, au plumage plus clairsemé, ont besoin de chaleur. La même

variété règne dans le régime. Tous, ou à peu
près, se repaissent d'insectes, mais d'une façon
plus ou moins exclusive ; les uns en font la base
de leur nourriture ; les autres, l'accessoire, en y
ajoutant, qui les plantes aquatiques et les poissons, qui les herbes, les graines, les fruits et les
plantes terrestres, qui la chair des oiseaux et des
animaux ; et un certain nombre, les omnivores,
s'accomodent de tout. Les parcours et les directions sont donc indispensablement réglés par les
subsistances, par l'état des lieux et par la température des différentes contrées.

Il s'en faut de beaucoup que la température,
qui, en définitive, régit l'alimentation des oiseaux,
soit régulière et proportionnelle à la latitude. Les
diverses altitudes topographiques, comme il tombe
sous le sens, et les influences atmosphériques la
modifient considérablement. Ainsi, l'humidité
que la masse liquide de l'océan émet constamment donne à la région occidentale de notre continent, un climat sensiblement plus tiède que
dans les contrées de l'Est sur les mêmes paral-
lèles, sans compter l'action du *Gulf-stream*, le
grand courant océanique qui entraîne les eaux,
échauffées, par le soleil de l'équateur vers la
froide région du pôle. Si bien que la ligne isothermique de Paris, par exemple, remonte de bon

nombre de degrés sur le littoral, tandis qu'elle s'abaisse au Sud en se prolongeant à l'Est.

Il en résulte que les oiseaux qui vivent sur les eaux ou les terres humides infléchissent leur vol de migration non directement au Sud, mais vers le Sud-Ouest où ils trouvent plus promptement et mieux leurs conditions d'existence. Du reste, en jetant un simple coup d'œil sur un globe terrestre et en remarquant l'inclinaison des rivages d'Europe et d'Afrique dans cette même direction, on devra en augurer que l'ensemble des oiseaux qui cherchent un plus chaud climat doit également appuyer de ce côté, sans quoi les contrées de l'Ouest-Sud seraient complétement dépourvues de migrateurs venant du Nord, ce qui n'est point.

Mais, à l'inverse des précédents, les oiseaux abstreints à une nourriture végétale produite par des plantes auxquelles une zone latitudinale est assignée, comme le chêne, le chataignier, etc, devront prendre une direction opposée ; c'est-à-dire, tendre à l'Est ; car l'Océan leur barre le chemin et leur coupe les vivres de l'autre côté.

Les résidants des lieux élevés n'ont pour changer de température, qu'à descendre dans de plus basses altitudes et généralement s'en contentent.

Enfin, d'autres, qui trouvent constamment leur nourriture dans des graines résistantes, telles que celles des conifères résineux, n'émigrent qu'autant que cette subsistance vient à leur manquer par cause accidentelle, ou peut-être que lorsque l'excès de leur population dépasse une certaine limite.

Il est donc possible, dans ce mouvement complexe, d'établir des divisions naturelles de direction, qui le simplifieront d'autant pour la plus grande clarté, en distinguant, par exemple : les migrateurs du Sud-Ouest, les migrateurs du Sud, les migrateurs du Sud-Est, les migrateurs d'altitude et les accidentels, C'est l'ordre qui va être suivi.

*
* *

Un grand nombre d'oiseaux pourrait accomplir leur migration en quelques grandes traites, comme l'indique la puissance de locomotion qui leur est dévolue. Il en est ainsi, lorsque la saison s'avance ou que les intempéries et les gros temps menacent ; mais, communément, la généralité n'est pas aussi pressée. Les jeunes ont à parfaire leur développement, tous à acquérir des forces pour les longs vols ; d'ailleurs, plus ils approchent du terme de leur voyage, moins ils ont de hâte. En conséquence, ils sont guidés par les conditions de la saison et la convenance des lieux : les uns voyageant par étapes, les autres, de plaines en plaines, de forêts en forêts, de buissons en buissons, de tertres en tertres, car la variété de marche est considérable; mais tous picorant à qui mieux mieux la large provende qu'ils trouvent en chemin, et l'embonpoint qu'ils y acquièrent est le combustible nécessaire, la réserve en quelque sorte, pour les grandes évolutions. Mais encore faut-il, pour trouver cette plantureuse existence, qu'ils sachent les contrées où elle existe et dans lesquelles ils pourront stationner à l'aise. Sans aucun doute, ils ont la latitude de *brûler* les étapes dans les contrées stériles pour eux : les exemples en sont fréquents; mais, encore, pour des êtres doués de tant de prévision, l'existence ne peut être livrée à l'incertitude. Et de fait, en tout pays où la nourriture de prédilection d'une ou plusieurs espèces est copieuse, on peut dire, par avance, que les passagers seront abondants. Nous en avons une preuve frappante dans le Jura, à ses différentes altitudes. Si la sécheresse a sévi dans la plaine, si le sol est dénudé, sans couverts, sans nourriture, le passage des cailles, à l'automne, y est nul; tandis que dans la montagne, où les céréales achèvent tardivement leur maturité, elles sont en tel nombre que mon père et un de ses frères, il y a longtemps, en tuaient cent à eux deux dans une matinée. Le point de stationnement habituel des deux Nemrod était assez curieux : c'était un hermitage fort confortable, ma foi ! où un vieux parent, ancien Bernardin et fort bon vivant, avait pris sa retraite. La chapelle servait de réceptable au gibier, méthodiquement rangé sur les bancs. La chronique ne dit point si on chantait le *requiem* aux victimes; mais, pour sûr, elles avaient de beaux *alleluia* aux festins qui s'ensuivaient.

Pour les oiseaux qui voyagent de jour et à haut vol, l'étendue de leur vue et toutes les indications que la nature des lieux leur fournit, ici des eaux vives ou marécageuses, là des forêts, là des plaines, des terres en tel ou tel état, nues ou couvertes de telle ou telle nourriture, etc., etc.; on peut dire qu'ils ont sous les yeux, dans toute l'acception du mot, *un plan à vol d'oiseau*, et leur feuille de route paraît facilement tracée. Mais, quant à ceux qui s'élèvent peu au-dessus du sol, ou qui voyagent de nuit, souvent par les plus obscures, d'où leur proviennent les renseignements nécessaires pour agir avec certitude?... — Ce n'est pas le dernier des points d'interrogation que nous aurons à nous poser; car l'observation la plus soutenue est loin encore d'avoir résolu tous les problèmes du fait compliqué dont nous nous entretenons. — Mais, enfin, nous avons vu une première indication dans le tact merveilleux des fluctuations atmosphériques que possèdent les oiseaux, puis le langage des bêtes, c'est-à-dire, la communication des idées, des impressions, par tels ou tels genres de sons ou de signes, bien que très-obscure pour nous, n'en existe pas moins d'une façon très-réelle et très-palpable. Les cris d'appel et les chants variés des oiseaux, dont nous sommes loin de saisir toutes les nuances; une foule de moyens qu'ils possèdent et que nous pouvons observer, sont largement suffisants pour nous le prouver. La sentinelle qui veille, tandis qu'une bande repose, sait certainement se faire entendre et comprendre, quand un péril menace ; l'oiseau qui *réclame* au haut d'un arbre est compris de ses semblables qui passent, car ceux-ci s'arrêtent ou poursuivent leur route, selon qu'ils le jugent à propos. On peut donc penser que les expérimentés instruisent ou guident les jeunes; que tous reçoivent en chemin des indications des stationnaires; qu'eux-mêmes se communiquent leurs avis sur la route à tenir, et, qui sait ! que des émissaires partent à la découverte, comme nous pourrons l'augurer de nombreux exemples de migrations partielles anticipées, et comme le croit Toussenel, ce grand observateur du monde vivant des oiseaux.

Chasse aux cailles, page 36.

*
* *

Nous venons d'avoir une première raison de
l'abondanee plus ou moins grande, d'une année
à l'autre, des passages des diverses espèces dans un
même lieu ou dans plusieurs, par les conditions
d'existence et de bien être qu'ils offrent constamment ou accidentellement. Mais ce n'est pas la
seule.

Il tombe sous le sens que le nombre des sujets
aux points de départ, soit par la réussite des nichées, soit par toute autre cause, y a sa part dans
toute la zone longitudinale correspondante. D'un
autre côté, la conformation géographique de ces
mêmes lieux de partance, comme il en sera rapporté un fait important, de même que l'obstacle
des hautes montagnes dans les parcours, doivent
déterminer des veines, des courants de migration,
plus considérables ici que là. Il pourrait en résul-
ter un trouble dans la dissémination des oiseaux,
voulue par la nature, si une troisième influence
ne venait à l'encontre : c'est celle de la direction des vents aux époques de la migration. Ceci
demande quelques explications théoriques sur le
vol des oiseaux.

L'oiseau, par sa conformation en plan horizontal, prend aisément son point d'appui sur la

couche d'air inférieur à lui. Si cet air est animé, dans la direction du vol, d'un mouvement égal ou supérieur, l'assise fait défaut à l'oiseau parce que la résistance manque, et son vol forcément s'abaisse. C'est l'histoire du cerf-volant qu'on voudrait entraîner selon le courant du vent. La corde de traction représente exactement la force motrice de l'oiseau et elle devient sans action, parce qu'elle n'a pas de point d'appui. La condition normale du vol est donc d'être dirigé droit dans le vent. Les chasseurs qui battent les champs en ont une preuve fréquente; si on *lève* une alouette sous un vent un peu fort, au premier instant elle profite du courant qui l'entraîne pour s'éloigner; mais si on observe attentivement, on voit que son vol est surbaissé, embarrassé, parce que le gouvernail, la queue, ne peut agir, et qu'aussitôt qu'elle se juge en sûreté, elle s'empresse de faire volte-face; c'est alors seulement qu'elle s'élève, comme si elle glissait sur un plan incliné.

Cette condition du vol nous donne de nombreuses explications; car c'est dans les grands parcours que son influence ce fait surtout sentir. En premier lieu, si, en temps voulu, l'oiseau ne trouve pas des courants atmosphériques à sa guise, et on sait si les variations en sont multiples, il attend, ou, si le temps presse, il dévie

à droite ou à gauche pour trouver un vent plus
favorable, au besoin, il s'abrite des hautes montagnes. Ainsi le groupe des Alpes est un point de
bifurcation des migrations de l'Europe centrale,
selon le vent qui règne d'un côté ou de l'autre. Plus
encore il y a lieu de penser, comme il sera dit, que
les oiseaux de haut vol, avec la perspicacité qui
leur est donnée des choses de la nature, mettent
à profit les contre-courants supérieurs de l'atmosphère.

On voit donc l'importance de cette troisième
considération. Elle motive à elle seule la variété
des veines de migrations annuelles dans les mêmes
lieux ; d'autre part, elle indique, de concert avec
les précédentes, le mode de dispersion des oiseaux ;
et, enfin, elle donne la raison pratique des variations d'intensité au début, au milieu ou à la fin
des passages, et, parfois, de la suppression subite
de ces derniers.

*
* *

Après la subsistance, la sécurité est une des
grandes préoccupations de l'oiseau, car il est exposé
à bien des périls, et de nombreux ennemis le
menacent sans cesse sur terre et dans l'air. A ses
ennemis terrestres, il échappe par la vigilance et
par le vol ; mais il en a beaucoup d'autres parmi

ses semblables, doués des mêmes moyens volatiles, souvent à un degré supérieur, et c'est de ceux-ci surtout qu'il a à se garer, principalement dans ses longues traites de voyages.

Les petits oiseaux des buissons et des bois, Rouges-gorges, Fauvettes, etc., passent généralement de jour, isolément, mais de fourrés en fourrés, et ne s'éloignant jamais de leurs abris. D'autres, au vol plus fort, émigrent par familles, le père et la mère guidant les jeunes, et tous veillant au salut commun. D'autres se réunissent en troupes, souvent innombrables; de cette façon, ils ne sont pas décimés un à un par leurs ennemis, les rapaces ailés. L'Étourneau est de ce nombre, et sa tactique est des plus savantes; les grandes bandes tourbillonnent sur elles-mêmes tout en poursuivant leur vol, chaque oiseau décrivant un cercle du centre à la surface. Dans ce tourbillon perpétuel, l'oiseau de proie ne sait lequel happer et reste coi, absolument comme nous autres, les rapaces humains, lorsque nous nous trouvons au milieu d'un vol considérable qui passe de tous côtés : nous ajustons de ci de là, en haut, en bas, et, finalement, le gibier est hors de portée que nous n'avons pu placer un coup de fusil. D'autres se disséminent et passent sournoisement. Puis un certain nombre voyage exclusivement la nuit, soit

que leur vol plus lourd ait besoin de la fraîcheur de
la nuit pour se soutenir, soit qu'ils aient plus particulièrement à redouter les déprédations des rapaces
diurnes. Là encore la variété est grande ; chaque espèce a son mode et ses lois de migration dont il ne
nous est pas toujours donné de comprendre le sens.

Les époques sont elles-mêmes aussi diverses et
fort variables comme précision ; car certains
oiseaux agissent avec la régularité d'un chronomètre, pour ainsi dire, tandis que d'autres doivent attendre un état déterminé de l'atmosphère.

Telles sont les conditions les plus générales de
la migration ; d'autres non moins intéressantes,
trouveront plus naturellement leur place dans
l'étude spéciale des groupes qui va suivre, et nous
les y ajournerons,

*
* *

Néanmoins, il faut encore observer que les
deux migrations du printemps et de l'automne,
c'est-à-dire le départ des oiseaux et leur retour
parmi nous, ont une certaine différence. A l'automne, ils nous arrivent multipliés par la reproduction ; ils sont donc plus nombreux, et ils
passent aussi plus lentement, retenus qu'ils
sont par l'abondance de la victuaille et la nécessité de parfaire leur embonpoint, véritable

réserve de route. C'est par conséquent l'époque dans laquelle nous pouvons recueillir les plus amples renseignements sur leurs agissements, et celle qui doit éveiller le plus notre attention, d'autant qu'il s'y rattache un double attrait : celui d'un fin gibier souvent, et celui d'un exercice agréable et salutaire à l'arrière-saison. Au printemps, après leur longue absence et leurs longues pérégrinations pendant lesquelles ils ont été soumis à bien des vicissitudes : les fatigues, le jeûne parfois, les intempéries subites ou prolongées, les spoliations d'une foule d'ennemis, la mort naturelle elle-même qui a fauché dans leurs rangs durant ce long espace de temps, ils nous reviennent bien diminués et légers d'embonpoint; l'impérieuse loi de la reproduction hâte leur vol et leur dissémination, et, à tous égards, nos observations ne peuvent être que plus limitées. Mais un fait général domine ces deux époques, c'est que les passages ont lieu à peu près dans un ordre inverse dans chacune d'elles, et par les mêmes motifs de température et de nourriture, à savoir : que les premiers émigrants de l'automne sont les derniers arrivants du printemps et *vice-versâ*.

Cela dit et avec ces données, entrons dans le monde des oiseaux en voyage.

CHAPITRE III

MIGRATEURS DU SUD-EST

Si ce livre était écrit uniquement au point de
vue de la chasse, l'ordre le plus pratique serait de
prendre les passagers à leurs époques successives,
en commençant par les premiers migrateurs pour
terminer par les derniers. De son côté, l'histoire
naturelle réclamerait qu'on procédât selon la série
des espèces établies par sa classification. Mais,
dans cette étude spéciale, l'une ou l'autre marche
entraînerait forcément à une grande confusion,
soit de direction, soit de temps. L'ordre qui pa-
raîtrait le plus logique, au premier coup d'œil,
serait de suivre les deux grandes divisions de la
migration d'automne et du printemps ; mais là
encore, obligés que nous serions de traiter deux
fois des mêmes oiseaux, nous tomberions forcé-

ment dans dés redites et souvent dans la sécheresse d'une simple nomenclature, sans toutefois
sortir des difficultés précédentes.

Dans cette perplexité, il est à penser que ce
grand mouvement bisannuel de la migration se
localisera mieux dans l'esprit par les divisions tout
aussi naturelles de la direction : de telle sorte que
dans ce tableau général, on verra les espèces
comme s'entrecroisant d'elles-mêmes, les unes
inclinant à l'Ouest, les autres tendant droit au Sud,
les troisièmes à l'Est, par leur propres conditions
d'existence ; et la besogne en sera d'autant sim-
plifiée. C'est cette méthode que nous adopterons.
Et pour procéder, du simple au composé, nous
commencerons précisément par les dernières espèces, fort peu nombreuses d'abord, et dont la
principale est soumise à des intermittences qui
nous éclaireront d'autant mieux sur les causes et
motifs de la migration dans son ensemble. Nous
continuerons par les migrateurs du Sud-Ouest,
bien que les plus tardifs ; mais là encore les indications que nous recueillerons allégeront le lourd
chapitre des migrateurs du Sud, de beaucoup les
plus considérables en espèces et en sujets. Une
quatrième case sera réservée aux migrateurs
d'altitude qui descendent des hautes montagnes
dans les plaines, et aux accidentels qui appa-

raissent de loin en loin ou sur quelques points seulement par des causes plus ou moins connues.

Commençons donc par un oiseau assez peu intéressant en lui-même, mais fort curieux par ses us et coutumes.

***

Le GEAI (*Garrulus*), universellement connu en

Le geai.

Europe, est le type le plus caractéristique des migrateurs du Sud-Est, et la raison en est simple. Bien qu'omnivore, c'est-à-dire se nourrissant de tout, insectes, larves, vers, graines, chair, fruits, œufs et oisillons; car il ne se gêne point, à l'exemple de tous ses collègues corvirostres, corbeaux, pies et autres, pour dévaster les nids ; il a en grande prédilection les glands et les châtaignes dont il fait très-bien des réserves pour prolonger sa satisfaction. Comme les arbres qui produisent ces fruits sont limités par la nature dans une veine latitudinale comprise à peu près entre le trente-cinquième et le cinquante-cinquième parallèle, il est bien obligé de suivre cette zone, lorsqu'il émigre, et cela en se dirigeant à l'Est, puisqu'elle lui est coupée à l'Ouest par l'Océan, Il craint peu le froid, et, quoi qu'il arrive, il laisse toujours des représentants à l'état sédentaire parmi nous. Ce dont il a souci, c'est la pâture, doué qu'il est d'un robuste appétit ; puis de sa tranquilité, car c'est un épicurien qui aime à digérer et à dormir tranquille. Qu'un bruit insolite se produise, qu'un animal circule furtivement dans le hallier où il a élu domicile, ce sont aussitôt des vociférations, de véritables cris.... *de geai en colère.* Cette remarque, sur laquelle j'insiste, sert souvent aux chasseurs à leur signaler le passage du gibier. Dans ces conditions d'être peu frileux, peu délicat, mais de grand appétit, il n'y a pas lieu de s'étonner que ses migrations soient fort variables ; car il a le vol lourd et ne se déplace que par force majeure. Il passe des geais générale-

ment tous les ans, vers le commencement d'oc-
bre; mais un peu, beaucoup et quelquefois.... pas
du tout! puis, à des laps de temps plus ou moins
longs, des quantités formidables. D'où .on peut
conclure qu'il leur faut des motifs spéciaux pour
quitter leurs habitudes casanières et se mettre en
voyage : soit la pénurie de nourriture, soit la trop
grande multiplication de l'espèce ; car bien que
vivant en famille jusqu'au temps de la reproduction, ils supportent mal le voisinage trop rappro-
ché de leurs semblables, hors la question de sécurité durant la migration ; soit encore un autre
motif qui va être dit dans un instant. Ils voyagent
en troupes assez nombreuses, peu compactes, en
traînards, par le temps sec et beau ; un temps humide allourdirait encore leurs ailes peu déliées.
C'est habituellement de dix heures à midi que
leur mouvement de marche est le plus accen-
tué, et, chaque jour, il augmente d'intensité jusque vers le 22 octobre, après quoi il cesse com-
plètement. Ils passent par courts vols, de forêts
en,forêts, de bocquetaux en bocquetaux, d'arbres
en arbres, escaladant les escarpements en biais et
de gaules en gaules, piallant, braillant, bague-
naudant en chemin et se riant des passants,
quand ils n'ont rien à en craindre. Un certain
jour de mon enfance, j'en vis un se pendre par

les pattes à une branche pour me regarder pas
ser. Je lui lançai mon bâton et il partit en me
gouaillant : « *Geaigeai.... Kouaï!....*» Et tous ses
camarades de répéter. « *Geai-geai.... Kouaï!...
Kouaï* » !

Voilà l'usuelle coutume. Or, en 1872, j'ai été
témoin d'un de ces formidables passages dont je
viens de parler. Contrairement à tous les usages
traditionnels de l'espèce, le passage commença le
1er septembre. C'était jour d'ouverture de la chasse,
et je signalai le premier vol de quatre à cinq à
deux confrères en saint Hubert qui, comme moi,
battaient l'estrade dès l'aurore, et qui ne vou-
lurent pas me croire, tant l'époque était insolite
à leurs yeux. L'air étant très-chaud, les pauvres
diables, qui n'étaient point surchargés de graisse,
selon toute apparence, volaient très-haut pour
trouver un peu de fraîcheur, à longue portée, presque sans arrêt ; ils avaient pour cela un juste motif : pas un gland, pas un fruit, ne pendaient aux
arbres de nos forêts ; et le sol, durci par une longue sécheresse, ne pouvait leur offrir ni larves,
ni vermisseaux. Ils fuyaient donc dare-dare vers
des contrées plus plantureuses. Ils continuèrent
ainsi, augmentant de nombre et abaissant de jour
en jour leur vol ; l'air devenant plus frais ; jusqu'à
la fin de septembre. Si bien qu'un beau matin,

Si bien qu'un beau matin... page 50.

débrouillant la piste d'un lièvre sur une crête,
j'en vis un vrai torrent passer dans la gorge au-
dessous de moi. Les chasseurs du pays, mis en
éveil par les passages des jours précédents, s'é-
taient portés en foule sur une côte située en face,
par delà la vallée, où les geais venaient forcément
buter et reprendre haleine sur les arbres. Ce fut
un feu roulant toute la matinée et on en fit des
abattis monstres. Deux tireurs, à eux seuls, en
rapportèrent quatre-vingts ; encore avaient-ils
manqué de munitions. De mémoire d'homme, on
n'avait vu pareille abondance, et il fallait remonter
jusqu'à l'année 1834, pour se rappeler quelque
chose d'approchant.

Disons en passant que la chair du geai est loin
d'être merveilleuse : le gland ne lui communique
ni saveur agréable, ni tendreté ; on dit que les châtaignes la rendent meilleur ; mais, enfin, on en fait
des salmis qui, fortement, relevés, sont mangea-
bles. En revanche, sa chasse est très-amusante et
on courre volontiers sus à cet oiseau vorace, querel-
leur, curieux, braillard et gouailleur. Puis il donne
à tous les piéges, à tous les appeaux comme un
nigaud ou un écervelé, bien qu'à l'état sédentaire
il soit des plus défiants et rusés. Les cris d'un de
ses pareils que l'on provoque en pressant les
articulations des ailes l'une contre l'autre, l'imi-

tation du cri de la chouette, même le bruit du tambour le font accourir de très-loin...

Tout cela ne nous donne pas la raison de cette migration si anormale, qui pour ma part me rendit fort perplexe. Mais voici ce qui suivit : à peine cet oiseau avait-il achevé son passage, que toutes les *cataractes du ciel* se précipitèrent sur la terre comme au temps du déluge. Pendant un grand mois la pluie tomba par torrents et le vent d'ouest ne cessa de souffler et de faire rage, au point que des inondations survinrent partout, mais particulièrement en Belgique où elles causèrent de graves désastres. Voilà un premier fait !

A l'automne de l'année 1876, un très-fort passage de geais eut encore lieu, mais à une époque plus régulière. En rendant compte de ce second exemple, je demandais s'il fallait s'attendre au même temps postérieur qui avait marqué la migration fabuleuse de 1872. La réponse ne se fit pas attendre. Dès le mois de novembre suivant, de semblables ouragans se répétèrent tout du long et particulièrement sur le littoral de France et de Belgique ; cette fois ce fût la Bretagne qui eut notablement à souffrir.

D'après ces deux faits précis et en considérant que ces oiseaux nous viennent du Nord-Ouest, que par conséquent leur départ commence depuis

Pendant un grand mois.... page 54.

ce même littoral océanique, ne pouvons-nous pas
y voir une indication, en attendant de plus nombreuses observations, que les gros temps et les
bourrasques qui menacent cette région et la zone
correspondante, devant infailliblement pourrir
les graines, submerger la pâture du sol, boule-
verser l'atmosphère, c'est-à-dire, couper les
vivres et troubler la tranquillité de ces volatiles
pointilleux sur ces deux chapitres, sont la cause
première de leur migration en masse. Pour ma
part, cette prévision du temps à venir ne me sur-
prend pas, tant j'ai de confiance dans la perspicacité des oiseaux, en général, ou, pour mieux
dire, dans la raison d'être de leurs agissements;
et j'en citerai de nombreux autres exemples. Si
cette hypothèse, déjà sérieusement motivée, devenait, par la suite, une certitude, nous aurions
ainsi dans le geai un précieux avertisseur.

De toutes façons, il poursuit sa migration jusqu'à ce qu'il rencontre des contrées plus riches
en victuaille et moins menacées des grandes
intempéries. On nous dit qu'il va jusqu'en Perse
où, du reste, on le retrouve à l'état indigène,
sans doute après s'être fort disséminé en route,
car son retour au printemps est probléma-
tique, les sédentaires, bon gré malgré, suffisant
à la reproduction; ce qui expliquerait d'une autre

manière, par la lenteur de l'accumulation de population, les migrations phénoménales à longs intervalles. Dans tous les cas, ce retour est peu apparent et ne se manifeste plus par de grandes bandes, comme à l'automne. Une seule fois dans ma vie, il m'est arrivé de voir un réel passage de printemps ; et encore, avec des circonstances à dérouter toutes les prévisions. Ces geais venaient de l'Ouest et se dirigeaient à l'Est en un long ruban ou en un mince filet continu qui vint se heurter à la première rampe du Jura. Ils la suivirent et la contournèrent jusqu'à ce qu'ils rencontrassent un vallon, par lequel ils s'élevèrent sur le plateau supérieur. J'étais précisément à ce point d'escalade, à peindre une charmante source de ma vallée, dite du *Gros caillou*, d'un bloc de rocher éboulé des roches qui dominent. Cela dura trois matinées, identiquement dans les mêmes conditions et dans le même ordre. — Où allaient ces oiseaux? Quel mobile leur traçait cet itinéraire nouveau? — Autant de problèmes ! — et on voit combien ils sont fantaisistes, mais instructifs, dans leurs marche.

* *
* *

Après le geai, à la chair coriace, par compensation nous avons l'Ortolan, délice des gourmets, dont une partie migre à l'Est.

L'ORTOLAN (*Emberiza hortulana;* en provençal, *l'ourtouran*) est un petit granivore de la famille des bruants des naturalistes qui se caractérise par un bec conique dont la mandibule inférieure dé--borde légèrement la supérieure et forme un léger hiatus dans les coins. Son plumage, sur le dos, rappelle de très-près celui du bruant des haies (la verdière des départements de l'Est), mais partout ailleurs le jaune est remplacé par une couleur fauve cendrée, très-claire. Cet oiseau a cela de très-particulier qu'il se cantonne en France, pendant l'été, exclusivement dans l'ancienne province du Languedoc. Comme il est tout à fait inconnu plus au Nord, on le confond souvent avec certains becs-fins ou avec le torcol, oiseau du Nord, un peu plus gros qu'une alouette, surtout reconnaissable à sa longue langue qui lui sert à happer les fourmis. Celui-ci est aussi un fin petit gibier, malheureusement trop rare. Nous le trouvons quelquefois isolément dans les haies et les buissons, au mois d'octobre.

L'ortolan arrive, dans sa contrée d'élection, au commencement de mai. Il niche à terre dans les vignes et dans les blés. Il en repart du 15 août au 15 septembre. Une partie traverse les Pyrénées pour gagner l'Espagne; l'autre se dirige droit à l'Est pour passer en Italie par les gorges des Basses-Alpes et à une certaine distance du littoral, car on en voit peu sur les bords de la Méditer-

Torcol.

rannée. C'est ainsi qu'il est de passage en Provence où on le chasse, comme en Languedoc, aux grands filets-battants avec l'aide des appelants.

On sait que son embonpoint, qui le rend comme une pelote de graisse, est tout à fait factice; il

est pris vivant et généralement vendu à un spé-
cialiste, qui le renferme dans une chambre obs-
cure dont le sol est jonché de millet. On ne l'en
sort pour la consommation que lorsqu'il est
devenu assez gras et lourd pour ne pouvoir plus
s'enlever et se percher.

*
* *

Tous les naturalistes s'accordent à dire, sans
citer de faits à l'appui que le Rossignol (*Sylvia
luscinia*) émigre aussi à l'Est par les contrées
méridionales de l'Europe, passe l'Archipel et va
hiverner en Syrie et même en Égypte. C'est, il est
vrai, un des oiseaux très-mystérieux dans leur
migration, voyageant silencieusement dans l'ombre
des buissons ou des bois et probablement la nuit,
dont il est difficile de suivre la marche. Cependant nous savons que les rossignols arrivent en bon
nombre dans le Midi de la France où les Provençaux en font d'excellentes brochettes, car il est
très-délicat, comme tous ses congénères, les charmantes fauvettes. « C'est abominable » ! diront les
âmes sensibles du Nord, région, en effet, où on
aurait un remords d'immoler de gaieté de cœur
ces mélodieux muscisiens. — Mais le gibier sédentaire et sérieux est si rare en Provence, que les

habitants se précipitent avec frénésie sur toute provende ailée qui passe à leur portée. Ajoutons, pour leur excuse, ce principe gastronomique : c'est

Rossignol.

que plus les oiseaux avancent dans leur migration, plus ils ont acquis d'embonpoint et plus excellents ils sont, et ces fins gourmets de Provençaux résistent difficilement à un régal de petits-pieds.

Mais de là, où et comment se dirigent-ils? — Nous savons encore qu'ils sont très- répandus en Algérie, et rien n'empêche de penser, qu'après s'être disséminés en Espagne, en Italie, et dans l'Est-Sud, une partie, tout au moins, passe en Afrique, comme plusieurs autres représentants de la famille des fauvettes.

Ils quittent régulièrement notre latitude ou pour mieux dire notre zone isotherme, ce qui est bien plus exact en tout ce qui concerne les évolutions des oiseaux, vers le 15 août. Dans l'instant où je préparais ce chapitre, assis dans un bosquet de jardin, j'avais autour de moi toute une famille de rossignols fort affairés, allant et venant, picorant çi les vermissaux, là les baies du sureau-corail, tout ce qu'ils rencontraient à leur convenance. On voyait clairement qu'ils se hâtaient de prendre des forces pour le grand voyage, et que le jour était proche. J'intriguais fort les jeunes en contre-faisant leur cri, « *K'à-K'à!.... K'à-K'à!* », qui est loin, ainsi que celui de leurs parents à cette saison, « Krrr!.... Krrr.... ! » du charme de leur chant printannier, et ils me regardaient avec de grands yeux — a partir du 16, je n'en revis plus aucun.

Ils nous reviennent, avec non moins de ponctua-lité, du 12 au 15 avril, à un jour près, selon la

température régnante. C'est à ce moment précis,
qu'on prend les mâles pour les mettre en cage :
Quelques jours plus tard, ils sont appariés, et se

laissent mourir sentimentalement de chagrin dans
leur prison:

Là se termine la très-courte nomenclature des
migrateurs du Sud-Est.

CHAPITRE VI

MIGRATEURS DU SUD-OUEST

Ainsi qu'il a été dit précédemment, les oiseaux qui prennent cette direction du Sud-Ouest sont les aquatiques ou palmipèdes et, généralement, les oiseaux de rivage, ainsi que les paludéens ; certains [qu'ils sont de trouver de ce côté un climat relativement doux et humide, et en somme, plus immédiatement toutes leurs conditions d'existence. Tant que l'excès de froidure ne les atteint pas dans leurs cantonnements, ils stationnent avant que d'aller plus loin, et, fort nombreux en espèces, en variétés, plus encore en sujets ; car la race est prolifique au suprême ; c'est par myriade qu'on les voit, à certains jours et en bons points, sur la surface des eaux ou des terres marécageuses.

*
* *

Les premiers en date de migration, sauf une exception qui sera dite plus loin, sont les Bécassines, fins gibier et fin voiliers véritablement prédestinées aux voyages de long cours : aussi peut-on être assuré, par avance, qu'on les trouvera du nord au sud, jusque sous les tropiques et sans doute par delà, partout où il y aura des marais, des vases, des terres humides à sonder de leur bec effilé pour en extraire les larves et les vers, et des ajoncs, des herbes, pour se remiser. Que leur importe une traite de cinq cents lieues : c'est peut-être pour elles l'affaire d'une nuit ou d'un jour !

On compte en Europe trois espèces de bécassines.

La double bécassine (*scolopax major*), la plus grosse et la plus précoce dans ses passages. Elle arrive dès les premiers jours de septembre ; par contre, elle est tardive au printemps et ne remonte qu'en avril et mai.

La bécassine ordinaire (*scolopax gallinago*), la plus abondante, est le type de la famille. Elle voyage de nuit, préférant même les plus obscures, alors que la lune est dans ses premiers et derniers quartiers ou complétement masquée par d'épais

Double bécassine.

nuages ; quelques fois aussi dans les matinées

Bécassines.

fraîches, peut-être simplement en excursion de

victuaille. On l'entend sans la voir, car son vol est très-élevé, à une façon de petit bêlement, « *Mè-è-è-e.....* », produit par une rapide trépidation du guidon terminal de l'aile. Si l'on se trouve dans l'endroit du marais où elle a résolu de se poser, on la voit plonger en quelques zigzags rapides comme l'éclair, et tomber à proximité ; dans cette descente vertigineuse, l'impression visuelle n'a pas eu le temps de lui révéler votre présence. Son passage, qui commence dans le courant de septembre, se prolonge généralement jusqu'au premier décembre, selon le plus ou moins de précocité des frimas ; mais le fort a lieu du 15 octobre au 15 novembre. Elle nous revient dès le commencement de février et la migration printannière dure jusqu'au 1er avril.

La PETITE BÉCASSINE (*scolopax gallinala*), surnommée la *sourde*, par l'apathie qu'elle met à se lever, attendant presque qu'on lui marche dessus, est aussi la plus lente à migrer et son vol est moins rapide. Des trois, c'est la plus sédentaire en France ; c'est-à-dire, qu'elle y niche en nombre de lieux.

La migration des bécassines, très-régulière en fait, l'est très-peu en réalité, quant à la quotité dans les mêmes lieux : car il arrive souvent que le sol n'y est point préparé à leur guise ; les marais

étant trop inondés, les remises sont rares ; trop
secs, elles ne peuvent y picorer ; et de leurs fines
ailes, elles ont bientôt fait de filer plus loin ;
mais elles passent néanmoins, quoiqu'on en
voie peu. M. Pellicot, un observateur provençal
dont le nom sera souvent cité, nous en fournit

Petite bécassine.

une preuve, dans son livre de la migration sur les
côtes de Provence, en rapportant qu'il suffit de
répandre de l'eau courante dans une prairie pour
être sûre d'y trouver des bécassines le lendemain.
De son côté, M. A. della Faille de Leverghem,
d'Anvers, mon honorable correspondant, me citait
un autre exemple : en 1875, les étangs de sa chasse
étaient amplement pourvus d'eau ; passage insignifiant ! Mais à une lieue de là, on avait fait écou-

ler les étangs; passage abondant, parce que la
vase, mise à sec et non desséchée encore, promettait une ample pâture.

Quoique bien fins voiliers et pouvant toujours
dominer les vents calmes, les bécassines préfèrent
néanmoins le vent debout, soit le sud-ouest à
l'automne, soit le nord-est au printemps, c'est
toujours sous cette influencè qu'il faut s'attendre
aux meilleurs passages ; il y a longtemps que les
chasseurs du Nord l'ont constaté. Ceci prouve la
vérité de la théorie pour tous les oiseaux en général.
Aussi M. della Faille fut-il fort surpris de constater,
un certain matin de printemps, que les bécassines
avaient subitement disparu, bien que le droit vent
d'ouest régnât alors. En jetant les yeux sur le ta-
bleau-bulletin qu'il venait de m'envoyer, je crus
en entrevoir la cause. A deux jours de là, le vent
de Nord-Est se mit à souffler avec continuité : or
en bonne météorologie, on comprend qu'un courant inverse agit d'abord sur les couches supérieures moins denses, puis peu à peu refoule toute
la masse de celui qui lui est opposé. Est-il alors,
bien étrange de penser, la sagacité dévolue aux
oiseaux étant donnée, que les bécassines, averties
de cet état de chose et sachant que le vent favorable soufflait à une faible hauteur, se soient éle-
vées jusqu'à lui et en aient profité pour gagner

le but qu'elles avaient hâte d'atteindre ? — En
rassemblant ainsi tous les éléments de la question, on arrivera sans aucun doute à trouver,
nombre d'explications qui sont encore à chercher.

Lorsqu'on considère les vastes espaces de reproduction de la bécassine qui s'étendent depuis
notre zone jusqu'à l'extrême nord, son immense
champ de parcours sur la surface du globe,
l'élévation et la puissance de son vol qui la met
à l'abri des rapaces les plus rapides, il est difficile
d'admettre que l'espèce aille en diminuant, surtout du fait de l'homme dont les grands moyens
de destruction sont mis ici en défaut et qui n'a
d'autres recours contre elle que son adresse et
son arme de chasse : or, on sait la difficulté du tir
de ce gibier, et ce qu'on parvient à en abattre n'est
qu'un léger tribu perçu sur la masse. Et cependant,
surtout dans l'intérieur des terres, on se plaint
perpétuellement de sa disparition. C'est qu'on ne
tient aucun compte des dessèchements, des assai-
nissements, etc. etc.; en un mot, de ce fait, qu'un
pays assaini, qu'une agriculture plus perfectionnée
plus productive, enlèvent forcément aux bécassines leurs demeures et leurs points de stations ;
et il en est ainsi pour beaucoup d'autres espèces.
Mais qu'on aille dans les vastes plaines humides
ou marécageuses de la Somme ou mieux encore

dans celles de la Hollande, et on y apprendra par les exploits des chasseurs de ces contrées que l'espèce n'est pas près de s'éteindre.

Cet intéressant oiseau aura eu une longue notice. En voici un autre, son proche, mais grand parent, qui ne lui cède point.

Bécasse.

La BÉCASSE! A ce nom, le chasseur et le gastronome, se découvrent; car c'est un gibier béni, au bois comme à table. A l'automne, sa chasse est une des plus agréables récréations cynégétiques; mais elle est attristée par la perspective

des mauvais jours qui vont venir. Au printemps,
il n'en est plus ainsi, et aux premiers rayons du
soleil, après une longue réclusion, c'est un véritable charme ! J'ai cherché à en peindre la scène
dans la fantaisie qui suit.

BÉCASSE, MA MIE.

Dès qu'arrive ce satané mois de mars, qui vous
a une senteur printannière, mêlée de bises et de giboulées, je suis pris, dans mon cabanon de Paris
(ce que d'aucuns appellent leur appartement),
d'un insupportable bourdonnement d'oreilles, à
me rendre sourd comme une cruche.

—*Crow-Crow.... P'sit-P'sit!...—Crow-Crow....
P'sit-P'sit!* — Et ainsi de suite.

Eh ! parbleu !... C'est la bécasse qui passe, et
moi je suis entre quatre murs, chassant.... les
gais souvenirs, tirant.... des lignes noires sur du
papier. — Triste ! Triste!!!....

C'est pourtant bien tentant là-bas. Pas n'est
besoin de devancer l'aurore, à moins qu'on ait la
passion de la passée du matin, et sur le coup de
neuf heures, selon la distance de la forêt, on se
met en marche, en amateur. — Attention aux lisières, aux pointes de bois ! La bécasse qui a picoré
dans les champs la nuit, est remisée là au matin.

Attention aux bas-fonds, aux coteaux exposés au
soleil, si le temps est sec ou chaud; aux pentes
abritées, si le vent est aigre. — Eh! le grelot de
Médor se ralentit.... Bonne chance! Une piste....
— « *Tout-beau!* » —

Je crois avoir fait cette remarque : les jeunes bécasses inexpérimentées montent en fusée, et, volontiers, papillonnent un instant à vous regarder, vous
et votre chien : c'est un moment propice! Les vieilles, rusées commères, filent sous bois et s'empressent de se masquer de tous les obstacles. — Mais,
soit l'une, soit l'autre, quelle agréable émotion
quand au.... piff! de votre rifle, répond cette
autre note sourde : Pouf!!!... de la bécasse qui
tombe sur le sol. — « *Apporte!* » — Et d'une
dans le sac ! C'est victoire ; car il ne faut pas s'attendre à en tuer à la douzaine, comme simples
mauviettes.

Voilà l'action en train, avec toutes ses péripéties
de cépées et d'épines, de surprises et de réussites ;
voyons maintenant le décor : — Entre temps,
vous jetez un coup d'œil autour de vous. Sur le
ton bleu des fourrés, le premier soleil scintille le
long des plantes ; des mousses, qui reverdissent,
pointent les anémones, les narcisses jaunes et de
mignonnes jacinthes bleues ; des ronciers émerge
le bois-joli ; et de fines gouttelettes d'émeraude

Le chasseur, jambe deçi jambe delà... (Page 77.)

semblent pendre aux branches des buissons précoces. La saine senteur de la séve qui remonte,
l'air frais et pur, dilatent votre poitrine. — Dieu!
comme on respire bien ici! — Les fanatiques de
cette chasse ont mille fois raison.

Passé midi, les bécasses, en bestioles douil-
lettes, se remisent et font une sieste. Plus de
frais! Il faut suspendre la partie.—«Tiens! Médor,
sur cet épais tapis de feuilles sèches, en plein
soleil au pied de ce grand chène, nous ne serons
point trop mal non plus ». Le chasseur s'assied,
jambe deci jambe delà, il étale ses vivres; le
sobre, une modeste corne de fromage; d'autres,
des victuailles plus sérieuses. Le chien, sur son
bienséant, suit tous les mouvements, attentif,
mais sans impatience; car il sait bien qu'il aura
sa part. Après la dernière accolade à la gourde, on
allume une pipe : quel pipe! Dans ses spirales
bleuâtres, tourbillonnent tout un essaim de gentes
dames au long bec, voletant, papillonnant, et....
la somnolence venant, on s'étend dans le pays des
songes. Médor en fait autant; mais lui ne dort
que d'un œil : au moindre bruit, il relève la tête,
son œil brille et semble dire : — « *Quel est l'intrus qui vient troubler le repos du maître?* » —
Brave bête, va!

A trois heures, frais et dispos, on reprend

l'action : la bécasse a terminé son somme et vaque à ses affaires. C'est le moment de lui redire quelques mots d'amitié. Et les émotions recommencent jusqu'au déclin du jour. — Nouvelle station jusqu'à la passe. A cette heure plus fraîche, une souche est le fauteuil de rigueur, et on *philosophie* à l'aise dans la solitude des bois, ou bien on suppute les victimes, si le sort a été propice.

Mais voici l'acte final de l'*opéra* qui prélude. Le ciel s'illumine des feux du couchant ; la grive, le *maestro-soprano* du printemps, entonne du haut du chêne sa mélodieuse *cantilène*. — Quelle ampleur de voix ! l'air sonore en retentit. — Le pinson lui riposte en *contralto*, et le frétillant rouge-gorge fait sa partie de haut-bois dans les buissons. — Attention ! Attention !... La bécasse donne aussi sa note de basse-taille : l'orchestre est complet ; c'est le grand morceau ! — « *Crow-Crow ! P'sit-P'sit* !... » — En cadence comme les joyeux *fron-fron* de nos pères. C'est la passe ! Debout et l'œil au guet. —

— « *Crow-Crow.... P'sit-P'sit* ! » —

Un couple amoureux, folâtrant, entre-croisant leurs becs, arrive sur vous.... Pauvres chers ! — Un double coup de tonnerre éclate.... *Pin !!!.... Pan !!!....* —Roméo et Juliette ont mordu la pous-

sière. — Bravo ! au chasseur. — C'est un dénoue-
ment triste, mais bien émouvant.

— *O povero caro mio !* Je voudrais bien y être.—

Et dire qu'un affreux ânier de mon voisinage a
jugé à propos de prendre le grelot de mon chien
pour le pendre au cou de sa bête et me donner
chaque matin une aubade; que le merle du Luxembourg lance, dès l'aube, ses éclatantes voca-
lises.... — Mes pauvres oreilles, laissez-moi tout
au moins en paix !

— « *Crow-Crow.... P'sit-P'sit !!!...* » —
-- « *Crow-Crow.... P'sit-P'sit !!!...* » —
C'est à en devenir fou, ma parole d'honneur !

Je termine cette note gaie en laissant à ceux
qui en voudront la dénomination de *scolopax
rusticola* dont la science a affublé notre oiseau.
Le nom de Bécasse, très-explicite, *abondance de
bec, long bec,* nous suffit largement et a le bon
sens d'être français. Mais si les savants ne par-
laient point grec.... ils ne seraient point savants !
— Ce coup de patte, en passant, du chasseur
naturaliste aux naturalistes de cabinet.

Buffon fait simplement migrer les bécasses en
altitude; c'est-à-dire, qu'elles stationneraient, selon
lui, pour la nichée, sur les hautes montagnes de
la zone tempérée, comme les Pyrénées, les Alpes,

le Jura, etc., et que de là, la mauvaise saison
venant, elles se contenteraient de descendre dans
les plaines et de s'y promener deci delà. Mais il admet qu'elles sont répandues dans tout notre continent, et rapporte qu'Adamson en a vu également
au Sénégal. Nous sommes aujourd'hui mieux fixés
à leur sujet. Qu'à leur migration de printemps,
elles laissent quelques représestants, dans les
lieux élevés, ceci n'est point douteux. M. de la
Faille en a trouvé un couple en été, même en
Italie, sur les Apennins, et il n'y pas d'année où
l'on ne découvre quelques couvées sur les plateaux du Jura; mais le nombre en est infime. Leur
véritable station estivale est le Nord; les renseignements les plus précis l'établissent et leurs
conditions d'existence suffiraient à le démontrer.

Plus encore, M. della Faille, un chasseur-cosmo-
polite, a posé, d'après ses nombreuses observations, une théorie des plus judicieuses de leurs
parcours que je m'empresse de rapporter ; ce sera
une des primeurs de ce livre. — Une carte de
l'Europe sous les yeux et considérant la direction
doublement obligatoire des bécasses au sud-ouest;
par l'humidité et la dispositiou des terres, autrement, si elles émigraient directement au sud, on
n'en verrait que quelques rares spécimens dans
toute la partie occidentale de notre continent, il

dit : Un premier groupe de migration part de la pointe isolée de la Norvége et aborde en Écosse ; il a, pour preuves à l'appui, les rapports des navigateurs de la mer du Nord, qui rencontrent fréquemment des bécasses dans leurs traversées. De là, ce groupe longe les côtes d'Angleterre jusqu'à la pointe du Norfolk où il se divise en deux parts : l'une arrivant sur les côtes de Belgique et de France pour suivre la voie qui va être dite : cette double particularité lui est indiquée, d'une part, par la rareté des bécasses sur les côtes occidentales de l'Angleterre et en Irlande, comme il l'a constaté lui même ; d'autre part, par leur passage plus précoce à Bruges qu'à Anvers situé plus au Nord et à l'Est. La deuxième partion continue par les côtes anglaises, passe sur celles de Normandie et de Bretagne où, en effet, leur importante station est depuis longtemps signalée. Le groupe, plus ou moins réuni, côtoie le golfe de Gascogne ou le traverse obliquement pour gagner le littoral nord de l'Espagne et se répandré dans l'ouest de ce pays : les nombreuses bécasses qui se brisent la tête chaque saison contre les phares d'Oléron et de Cordouan, à la grande satisfaction des gardes-sédentaires, ne laisse aucun doute sur l'abondance du passage dans cette direction.

Un deuxième groupe, doublé des bécasses de la

Finlande, part de la presqu'île Suédoise, descend en Danemark, en Hollande : ce sont ces bécasses-là qui apparaissent à Anvers plus tardivement que celles de passage à Bruges. Puis elles se répandent dans le centre de la France et arrivent au pied des Pyrénées, excellente station encore, d'où elles passent en Espagne.

Un troisième groupe part des côtes russes de la Baltique, passe en Allemagne et arrive dans le bassin du Rhône, pour suivre de là la côte orientale hybérique.

A cet ordre de marche, il faut ajouter un quatrième et immense groupe, composé de toutes les bécasses du nord de la Russie, se répandant sur toute la zone méridionale de l'Est européen, et couvrant l'Italie par l'aile droite, la Grèce par l'aile gauche.

A partir de notre zone isotherme de Paris, et selon l'intensité de l'hiver, l'ensemble des bécasses commence à laisser des retardataires qui, souvent, ne vont pas plus loin. Cette arrière-garde augmente de plus en plus en avançant au midi, et les marais Pontins, en Italie, sont pour eux un lieu de repos si favorable, que les chasseurs du pays en font des abattis superbes, quelque chose comme trois ou quatre cents par hiver. Le surplus passe en Afrique par les points le plus à sa convenance, et se dissémine en deçà du Sahara, ou va se remiser sous le Tropique.

Je résume sommairement la théorie de M. della Faille pour la rendre simple et claire, en la complétant de mes propres renseignements de l'Est et d'ailleurs. Cette conception, si logique qu'elle tombe sous le sens après un léger examen, en même temps qu'elle jette un jour tout nouveau sur la migration générale, n'a pas tardé à recevoir une éclatante consécration de l'observation suivie. Au printemps de 1877, je recevais de trois correspondants : MM. A della Faille de Leverghem, d'Anvers, De Cugnac, du Gers, P. Petitclerc, de la Haute-Saône, un tableau détaillé des passages de la saison, dans leurs contrées respectives. J'y vis que le plein de la migration des bécasses avait eu lieu, à Anvers, *du 9 au 19 mars;* dans le Gers, *du 11 au 26;* dans la Haute-Saône, du 3 *au* 16. Évidemment les bécasses du Gers n'étaient point les mêmes que celles de Belgique et de Vesoul; c'est-à-dire que le groupe du centre des Pyrénées était en retard sur les deux autres; et la cause en devenait manifeste en comparant les températures, cotées jour par jour, de ces différents lieux. Tandis que, dans le courant de mars, le thermomètre ne s'abaissait pas à plus de 2° au-dessus de zéro, à Anvers, pour s'élever à 18°; dans le Gers, par suite d'influences météorologiques particulières, il descendait jusqu'à 8° au-dessous de zéro, pour ne s'élever qu'à 11 au-dessus, au dernier jour du mois. — C'est un des beaux résultats de notre bureau d'observation de la *Chasse Illustrée*.

Quelques bécasses nous arrivent dès la fin de septembre, de même qu'il en passe encore en décembre; mais la vraie migration a lieu du 20 octobre au 20 novembre. Au printemps, le mois de mars est le temps consacré, de toute éternité, pour leur retour. Le papillon jonquille, cher au chasseur et qui éclot aux premiers rayons de soleil, semble être leur émissaire. Elles voyagent par vols épars, et il est sage, lorsqu'on en trouve une au bois, de battre les alentours; la certitude est grande qu'on en trouvera plusieurs. Comme leur vue est très-sensible à la grande lumière, c'est au crépuscule et à l'aube qu'elles prennent leurs grands ébats, quittant les fourrés pour verroter en plaine et faire leurs ablutions, en personnes proprettes, aux mares et aux flaques d'eau. A la nuit close, elles se mettent en voyage, préférant, elles, les nuits les plus claires; à ce point que les chasseurs, par longue expérience, appellent la pleine lune de novembre la lune des

bécasses. On les distingue généralement en deux
variétés, la grosse et la petite, celle-ci quelquefois de taille minuscule; mais tous les naturalistes s'accordent à n'en reconnaître qu'une seule
et unique espèce, les petites étant les mâles, à
taches plus larges et plus foncées, ou même les
tard-venues n'ayant pas encore atteint leur complet développement.

Nos anciens nous ont rebattu les oreilles d'histoires merveilleuses de bécasses. Mon père, par
exemple, de tout une poudrière usée à amorcer
son fusil (c'était le bon temps des fusils à pierre),
par un brouillard des plus humides, sur une nuée
de dames au long bec qui lui partaient entre les
jambes, de tous côtés : un de mes vieux amis, de
vingt-cinq bécasses occises en un jour. Belle aubaine, en vérité! etc., etc. — A tout prendre, et
par ce que nous connaissons déjà des éventualités
des migrations, c'étaient là des chances heureuses,
mais accidentelles, de passages spéciaux ou d'ac-
cumulations dans un même lieu. Selon l'usuelle
coutume, on en conclut tout droit à l'extinction
prochaine de la race.

Je ne suis pas aussi humoriste, et pour rassurer
les attristés, mon ami Toussenel en tête, voici un
renseignement précis. Mon honorable correspondant de la Haute-Saône, M. Petitclerc, grand chas-

seur de bécasses devant le Seigneur, ne se contente
pas d'affirmations vagues, il note jour par jour
ses rencontres. J'ai sous les yeux un de ses relevés
pour une période de douze ans, de 1862 à 1874 ;
j'examine, et je vois que l'avantage est précisément à la dernière année. Autre détail instructif :
les chiffres les plus élevés se retrouvent de cinq en
cinq ans ; ils vont en diminuant, puis remontent,
et ainsi de suite : avis aux amateurs ! — Avant de
se désoler, il faudrait considérer le vaste champ
des espèces, leur nombre formidable, et bien se
rendre compte des causes et des motifs, ainsi que
de leurs effets.

*
* *

J'indique sommairement en passant les Barges
(*Limosa*), qu'on pourrait surnommer les grosses
bécasses des marais, les Rales d'eau (*Rallus aqua-
ticus*), les Marouettes (*Gallinula porzana*), les
Poules d'eau (*Gallinula chloropus*), les Foulques
(*Fulica atra*), les Marelles, Mocroules, etc. : population des marécages, pour la plupart migrateurs
d'arrrière-saison, assez peu communs dans les
terres sèches de l'intérieur, mais abondants sur le
littoral.

Il faudrait tout un volume sur ces races paludéennes, ainsi que sur les aquatiques, mais écrit

Barges.

Rale.

par un praticien de longue date, et je décline

toute compétence, en ma qualité de *terrien* des hautes terres. Je m'en tiens donc aux groupes les plus connus du commun des mortels, et bien suffisants pour fixer la théorie.

Poule-d'eau.

Les Pluviers (*Charadius*) et les Vanneaux (*Vannellus*) confondent trop souvent leurs rangs en voyage, et leurs habitudes sont tellement semblables, qu'il est vraiment inutile de les séparer; ce qui sera dit des uns s'appliquant aux autres.

Ces grands migrateurs des terres humides ni-

chent assez avant au nord, dans les grandes
plaines d'en-deçà de la Baltique. Les œufs de vanneaux, d'un vert très-foncé et de la grosseur d'un

Foulque.

très-petit œuf de poule, sont en grande réputation
gastronomique : on en consomme et on en ex-
pédie, de Hollande principalement, des quantités
considérables ; le haut prix auquel ils sont cotés
sur place, 0 fr. 50 la pièce, est bien fait pour
allécher la convoitise. C'est là un genre de destruction plus ou moins recommandable d'un oiseau
utile au premier degré. Les Hollandais, qui sont

très-friands de cet aliment, disent pour se disculper que les vanneaux, ne valant rien par eux-mêmes, contrairement au proverbe, sujet à caution, il est vrai : *Qui n'a mangé pluviers ni vanneaux ne sait ce que gibier vaut;* c'est bien le

Pluvier.

moins qu'ils se dédommagent sur leurs œufs; que, du reste, ils n'enlèvent que la première ponte, et que les femelles, très-prolifiques de leur nature, ont bien vite réparé le mal. Il est de fait que, dans les immenses plaines de leurs stations estivales, la destruction n'agit guère que sur une part infime, et nous les voyons toujours apparaître en nuées, chaque année, sur les points à leur convenance. A certains temps, les arrivages à Paris en sont formidables.

La saison de pluie, assez générale à l'équinoxe

Vanneaux huppés.

d'automne, est pour eux le signal du départ. Ils savent que c'est l'époque où les vers de terre, les lombrics, émergent du sol, à la nuit, pour l'accouplement, et que la pâture sera plantureuse. Ils passent de jour, par grandes bandes transversales, et à peu de hauteur, pour bien inspecter les lieux. Leur itinéraire est tracé par les grandes plaines où ils font de fréquentes stations, pâturant surtout la nuit, avec cette curieuse habitude, que les pêcheurs mettent aussi en usage, de battre le sol avec leurs pattes pour comprimer les bestioles et les obliger à sortir; mais régulièrement, chaque matin, ils se rendent aux grèves pour y faire leurs ablutions. C'est un instant propice pour les affuter, car, hors de là, ils sont toujours en éveil, et des sentinelles font le guet pour les avertir de tout danger. Dans les lieux de grands passages, on les chasse aux filets battants et on en prend des quantités considérables. Après avoir séjourné tout le long de leur route et surtout dans les contrées méridionales, leur vol rapide et soutenu les porte en Afrique, où ils font de longues excursions.

Leur retour s'effectue de la même manière, dès les premiers jours de mars ou mieux après le dernier dégel; car ils sont de ceux d'entre les migrateurs dont on peut présager, lorsqu'on les revoit, que l'hiver est bien fini.

*
* *

La grande tribu des oiseaux de rivage renferme bien des genres et nombre de familles dont les

Combattans. (Page 95.)

membres sont pour la plupart exclusivement ma-
ritimes et, par suite, sont peu connus et fort peu
susceptibles d'être observés, sauf quelques exceptions, partout ailleurs que sur les littorals. Du
reste, leurs habitudes de migration sont aussi à
peu près les mêmes : arrivée avec les premiers
froids, vie errante sur les rivages, en suivant
l'abaissement de la température; retour dans les
mêmes conditions dès que l'hiver cède. En voici
les principaux genres, hors quelques beaux spécimens exotiques et de migration rare ou accidentelle dont il sera parlé ultérieurement.

Les BÉCASSEAUX (*Tringa*) qui comptent sept variétés dont le plus beau type est le COMBATTANT
(*Tringa pugnax*), ainsi nommé de son humeur
querelleuse.

Les CHEVALIERS (*Totanus*, en provençal le
Charlo), le genre type et le plus élégant parmi
les élégants de cet ordre; excellent gibier, d'ailleurs, comme tous ses congénères. Six genres :
le *Chevalier gambette*, le *Chevalier stagnatile*, le
Chevalier sylvain, le *Chevalier guignette*, le *Chevalier aboyeur* et le *Chevalier cul-blanc*. Je dirai
quelques mots de ce dernier qui diffère complétement par son habitat et ses mœurs.

Le CHEVALIER CUL-BLANC (*Totanus Ochropus, Gra-
veline* en divers pays du centre : le *Bécasseau* de

Buffon) est indigène comme d'autres, du reste, et

Chevaliers.

habite les rives de nos rivières et de nos lacs. Il

Chevaliers cul-blanc.

est beaucoup plus modeste de forme, de toilette

et de volume que tous les autres ; sa taille est celle
d'une bécassine ordinaire, et il est beaucoup plus
précoce aussi dans sa migration. Dès le mois de
juillet, réuni en famille, il commence ses vols
d'entraînement, en décrivant de grandes évolutions à la surface des eaux et en poussant des cris

Courlis.

aigus, à la manière des martinets. C'est un fin
petit gibier qu'on a le tort généralement de ne
pas chasser en France. Dès le milieu d'août, il se
met en route ; on le trouve, alors, le long de nos
plus petits cours d'eau vive, par groupe, par
couple ou isolément. Il doit revenir assez tardivement, en avril, je suppose.

7

Les Courlis (*Scolopax arquata*), façon d'ibis de nos climats, qui, bien que préférant les plages du littoral, sont aussi de passage dans l'intérieur des terres, stationnant dans les prairies humides et le long des cours d'eau, mais en petit nombre et tout à fait en camps volants, à leurs deux migrations d'octobre et de mars. Ils vont en Afrique et fort au loin, car on les retrouve identiques à Madagascar.

Je laisse de côté de nombreuses espèces plus rares ou exotiques, dont il sera fait mention dans le chapitre des migrateurs accidentels.

*
* * .

A elle seule, la race immense des oiseaux aquatiques proprement dits ou des *palmipèdes* demanderait un *in-folio* en quatre-vingt-dix-neuf chapitres, ʳpour être traité *in extenso*. Comme nous le savons, leur épais et chaud vêtement de duvet et de plumes, imperméable à l'eau, à l'humidité, au froid, de même que la grande vertu prolifique dont la nature les a dotés, marquent leur haute destination : peupler, animer, exploiter la région arctique. Là, ils trouvent des eaux vives ou stagnantes toujours abondantes et amplement pourvues de végétaux, de bestioles, de *frais* et de

fretin de poisson. C'est leur patrie, leur contrée
d'élection, qu'ils ne quittent que contraints par la
force des choses, lorsque l'excès d'abaissement de
température leur ferme la surface des eaux, leur
champ d'existence. Ils émigrent alors, mais à regret et se hâtent de revenir dès que la température se relève ; par les hivers d'alternances de froid
et de tiède, c'est un va-et-vient perpétuel fort ap-
précié des chasseurs. Telle est leur loi commune.

Le cercle polaire, voilà leur domaine. Bons voiliers pour la plupart, ils y circulent à leur convenance ; passant d'Europe ou d'Asie en Amérique,
soit par le détroit de Behring, soit par le Spitzberg
ou les Ferroë et l'Islande, avec autant de facilité
que les migrateurs du Sud traversent la Méditerranée, et plus encore ; car ils ont, eux, la latitude
de se reposer sur les flots quand bon leur semble.
Il en résulte que toutes les espèces sont à peu près
communes à la superficie de notre hémisphère, et
que, bien qu'une espèce de canard, le *Col-vert* des
chasseurs, l'*Anas boschas* des savants, soit plus
spécial à notre continent, nous en voyons apparaître, chaque hiver, un nombre considérable de
variétés.

Après ces considérations génerales, l'histoire de
leur migration particulière sera simple.

Le Cygne (*Anas cygnus*), par la magnificence de

la forme et l'ampleur de son vol, tient la tête de l'ordre. Tout à fait indigène du Nord, il s'acclimate très-bien, comme on sait, sous le climat de

Cygnes.

notre zone tempérée. Sur le lac de Genève, après quelques tentatives et avec des soins, les cygnes sont devenus aujourd'hui sédentaires et à demi civilisés. C'est un exemple de compensation, qui peut s'étendre à d'autres espèces et parer à la pénurie des oiseaux dont on se plaint. Dans leur région natale, très-farouches de leurs cantonnements envers leurs semblables, ils vivent par couples solitaires ; mais à l'automne, ils se réunissent en troupe. Très-bons physiciens de leur nature, ils ont reconnu de longue date que l'agitation de l'eau empêchait la congélation ; chaque matin et chaque soir, à l'heure où le froid est le plus intense, ils se livrent à des mouvements d'ailes vigoureux qui probablement leur sont nécessaires pour combattre l'engourdissement, mais qui agitent fortement la surface de l'onde et retardent d'autant le moment où ces oiseaux devront suivre la règle générale. Les cygnes en voyage se disposent en longues lignes régulières ; seulement ils n'arrivent guère sous notre zone qu'isolément ou deux par deux, ce qui ne les empêche point de s'avancer assez loin au sud.

L'espèce des Oies (*Anas auser*), qui comprend plusieurs variétés, est caractérisée chez nous par l'*Oie sauvage* proprement dite (*Anas segetum*), la plus abondante. Il m'est arrivé d'en voir des vols accidentels à la mi-septembre, par de gros temps ; mais c'est en novembre qu'on a chance de les rencontrer. Elles stationnent et pâturent le jour dans les champs et gagnent le soir les grands étangs ; seulement bien malin le chasseur qui peut

les approcher à distance propice ; ce n'est guère
que le hasard qui donne cette aubaine. Une fois,
je manquai une belle occasion. Je revenais de
chasse à la chute du jour, et, approchant du logis,

Oie sauvage.

je déchargeai mon vieux fusil à baguette sur des
corbeaux. Cent mètres plus loin, *pin !!!… pan!!!…*
dans la plaine ; en même temps, je vis se lever
une magnifique troupe d'oies qui vint passer droit
sur ma tête, à dix mètres de hauteur. Mon espingole
vide, je dus me contenter de les regarder passer.
Lorsqu'elles se lèvent, elles partent en bande con-
fuse, et ce n'est que plus tard qu'elles prennent
leur vol spécial, par file indienne, si elles sont peu

nombreuses, en angle et espacées régulièrement
si elles le sont davantage. Ce vol géométrique,
commun à nombre de palmipèdes, a de quoi sur-
prendre. On a dit vaguement jusqu'ici que cette
disposition était plus favorable pour fendre l'air ;
mais la question n'est que déplacée, car pourquoi
tous les oiseaux volant en troupe n'en font-ils
point usage ? — On a ajouté que l'oiseau de tête
avait seul à supporter le premier effort et que les
autres en étaient d'autant allégés ; que, lorsque ce
chef de colonne était fatigué, il cédait la place au
second, et ainsi de suite. — M. le comte d'Esterno,
un chasseur-naturaliste autorisé, démontre, dans
un livre d'une observation rigoureuse sur le *Vol
des oiseaux*, que, s'il en était ainsi, l'oiseau de
ligne, trouvant devant lui un air tourmenté,
troublé par les mouvements de celui qui le pré-
cède, serait incapable de voler parce qu'il manquerait de point d'appui ; qu'à l'inverse, chaque
oiseau vole parallèlement à tous les autres et non
dans un axe commun, de telle sorte qu'il a perpétuellement devant lui sa portion d'air intacte. Ceci
est plus positif et plus conforme à la réelle théorie
du vol, mais ne nous dit pas encore la solution
dernière, la raison d'être de cette locomotion bi-
zarre. Nous avons déjà vu que tous les oiseaux
voyageant en troupe ont, en y regardant de près,

leur ordre particulier de marche, dont le plus
étonnant est certainement le vol tourbillonnant des
étourneaux. J'en recherche la cause, qui ne peut
être, à mes yeux, que la résultante des conditions
du vol propre à chacune de ces espèces, et, aidé
par l'observation de M. d'Esterno, j'en conclus,
dans l'exemple présent, que les palmipèdes à queue
courte, manquant par conséquent d'un gouvernail
suffisant, à long cou qu'ils sont obligés d'étendre
pour maintenir leur équilibre, n'ont pas relativement le vol aussi souple dans leur direction que la
généralité des autres espèces et sont astreints à cet
ordre de marche régulier sous peine de s'entraver,
de se gêner mutuellement. Ceci ouvrira la voie, je
crois, à d'autres explications.

On a fait cette remarque que les oies, comme
bien d'autres oiseaux, volaient haut par le temps
clair et sec, volaient bas par les temps brumeux,
et on a pensé qu'elles agissaient de la sorte, dans
cette dernière circonstance, pour se guider, à défaut de l'horizon, par les configurations du sol.
Comme tous les autres volatiles, elles sont elles-
mêmes leur propre boussole, et il y avait une
raison physiquement plus simple, c'est que l'air
humide et moins dense alourdit leurs ailes et forcément abaisse leur vol. — Maintenant, jusqu'à
quelle latitude méridionale s'avancent-elles ?

Fort loin, à leur convenance, selon toute probabilité; car l'espèce, comme celles d'autres de leurs
congénères, se retrouve identique dans l'hémisphère austral. — Elles remontent définitivement,
lorsqu'elles sont assurées que leurs pénates de
l'extrême nord sont libres pour les recevoir, en

Canards sauvages.

mars, même en avril; mais elles sont pressées
alors, voyagent par grandes étapes, et on les entend
passer la nuit plus qu'on ne les voit de jour.

La famille des canards est si nombreuse en variétés et d'une si grande puissance de prolification,
qu'elle pourrait à elle seule peupler la surface de
la terre.

Le Canard sauvage proprement dit (*Anas boschas*), le beau *Colvert* des chasseurs et le type primitif de nos canards domestiques, niche . dans toute notre zone tempérée et s'étend jusqu'aux régions polaires. La femelle couve de 10 à 25 œufs et recommence plusieurs fois. Il faut un froid sérieux, de 5 à 6° au-dessous de zéro, c'est-à-dire assez vif pour congeler la surface des eaux tranquilles pour le décider à émigrer. Il s'éloigne alors, se dispersant partout où il rencontre des eaux ou sources chaudes qui lui permettent de vivre, mais il revient bien vite, dès que le froid cesse. C'est ainsi que nous le rencontrons jusqu'au fond de nos vallées montagneuses, et ce qui fait que les temps variés d'hiver, les alternances de gel et de dégel, sont les plus favorables à sa chasse ; il passe et il repasse sans cesse, alors. A la fin de la saison, le passage est encore assez variable ; mais, dès le mois de mars, tous regagnent leurs pénates et, en avril, ils sont en plein travail de reproduction.

Au colvert se joignent un nombre infini d'espèces diverses : le Tadorne (*Anas tadorna*), le Chipeau ou *Ridenne* (*Anas strepera*), le Pilet ou *Canard à longue queue* (*Anas acuta*), le Siffleur (*Anas penelope*), le Souchet (*Anas clypeata*), le Milouin (*Anas ferina*), le Morillon, la Macreuse (*Anas nigra*), le Harle (*Mergus*), les Sarcelles d'été et d'hiver, etc.,

sans compter quelques types exotiques qui
viennent d'on ne sait où, d'Amérique, d'Asie, car
toute la terre leur appartient d'un pôle à l'autre.

Leurs habitudes de voyage sont les mêmes que
celles des grandes espèces des cygnes et des oies,
sauf un détail : les canards se remisent en mer ou

Canards Pilets.

sur les grands étangs pendant le jour et vont pâturer dans les champs ou les eaux peu abondantes
la nuit. Comme c'est un beau et bon gibier, la difficulté et la rudesse du métier aidant même, leur
chasse a ses adeptes fanatiques. Le chien d'arrêt,
l'affût, les appelants, les engins de toute sorte, tout
est bon pourvu qu'on soit patient et habile, car la
vigilance des oiseaux est de ces plus grandes.

Chaque année on voit apparaître, dans les jour-
naux, ce cliché consacré : « on a vu passer de
grands vols d'oies, de canards, signe certain d'un

Macreuse.

hiver précoce et rigoureux ». Nous venons de voir
ce qu'il en faut penser : c'est-à-dire que l'hiver
sévit ou va sévir dans l'extrême nord tout sim-

plement ; mais ce n'est point là une raison pour qu'il vienne jusque chez nous. On pourrait tout aussi bien dire, et souvent à tort, de leurs allées

Chasse aux canards.

et venues, que la fin de l'hiver est proche. Les migrateurs du Sud sont plus positifs dans leurs agissements, comme nous en verrons de nombreux exemples.

CHAPITRE V

MIGRATEURS DU SUD

La migration directe au sud, en tenant compte de la réserve qui a été faite d'une inclinaison forcée à l'ouest, déterminée par la disposition des terres des deux continents européen et africain dans cette dernière direction, est la plus normale, et devait comprendre la grande part de nos espèces migratrices. En face de cette multiplicité de sujets qui vont passer rapidement, à tire-d'aile, devant nos yeux, un ordre rigoureux est nécessaire pour éviter la confusion et conserver à ce grand mouvement son aspect le plus pittoresque. Voici celui que je crois devoir adopter : prendre, par ordre de date, les premiers migrateurs de l'automne de tous les genres de cette multitude d'oiseaux ; grouper immédiatement à leur suite tous leurs congénères, et passer successivement ainsi toutes les principales espèces en revue ; et encore je ne réponds pas d'en omettre, un peu volontairement, quelques-unes des moins intéressantes, pour alléger ce long chapitre.

Cela dit, ce sera un groupe de l'ordre des *passereaux* qui ouvrira la marche. La classification scientifique comprend sous ce nom un nombre considérable d'espèces dont elle ne savait probablement que faire, comme l'insinue spirituellement Toussenel, car elles sont souvent bien dissemblables. Comment comparer, par exemple, et réunir dans une même catégorie, un corbeau et un colibri, un martinet et une fauvette de buisson? Ce nom a été inspiré sans doute d'un vieux mot français, *passeret* ou *passerot* (du latin *passer*, passer, circuler, être toujours en mouvement), encore en usage dans certaines provinces pour désigner le merle de roche ou solitaire, et aussi le rossignol de muraille. Car si cette désignation avait la prétention de spécifier l'action d'émigrer, elle serait des plus fausses, en ce sens que cette action est commune à tous les ordres, à tous les genres, et qu'elle n'est la loi d'aucune en particulier. Cette distinction était dictée par notre sujet.

Mais Toussenel a épuisé la critique de la clas-

sification officielle avec une verve des plus gau-
loises et en observateur judicieux de la nature sous
son véritable aspect, la *vie*, apportant en même

Martinets.

temps le remède au mal. Nous n'avons donc pas
à y revenir, sinon lorsque l'*occasion forcera le
larron*.

Les Martinets de nos cités (*Cyspelus murarius*), ou *martinets noirs*, avec la régularité d'un chronomètre, quittent notre zone d'observation du 28 au 30 juillet, et nous reviennent du 2 au 4 mai. Cette régularité et cette précocité de migration ont, il me semble, une commune origine. Le martinet fait sa pâture des insectes qu'il happe, dans son vol, de sa gueule visqueuse et fendue jusqu'aux oreilles. Ce vol étant habituellement très-élevé, l'oiseau doit s'en prendre surtout aux insectes qui s'élèvent le plus haut dans l'atmosphère, et qui sont précisément soumis les premiers au refroidissement qui hâte leur évolution aérienne; de même qu'au printemps ils sont des derniers à sortir de leurs larves pour trouver dans les hautes régions de l'air la température dont ils ont besoin; et les martinets doivent naturellement compter sur les phases d'existence de ces insectes sous peine d'abstinence.

Dès que les jeunes sont sortis du nid où ils ont demeuré longtemps pour permettre à leurs ailes, leur seul moyen de locomotion, de prendre leur entier développement, la famille, réunie en groupe compacte, commence ses entraînements de voyage, le matin et le soir, par de grandes circonvolutions et en poussant des cris aigus. Après quoi, toute la tribu d'un même lieu se rassemble en bande,

tournoyant dans le ciel avec des cris fort différents, assez semblables à celui de la crécerelle ;
et un beau jour, le temps étant venu, tous ont
disparu simultanément, sans qu'on ait pu préju-
ger de leur direction, absolument comme ils nous
sont venus au printemps.

Buffon nous dit que, redoutant beaucoup la chaleur (la preuve en est, à ses yeux, qu'ils se tien-
nent blottis dans leurs trous de rochers ou de
murailles au milieu du jour), ils se dirigent d'a-
bord au nord pour redescendre ensuite au sud à
l'arrière-saison. Il cite à l'appui quelques vols
revus en septembre et même en novembre. Or,
voici ce que j'ai vu moi-même récemment : à la fin
d'octobre de l'année 1875, au soleil couchant,
une troupe nombreuse tournoyait au-dessus de
moi, en poussant ses cris de crécerelle qui précisément me firent relever la tête, et s'éloignait au sud ;
à l'inverse, le 18 août 1877, vingt jours après la
disparition des indigènes du pays, deux martinets,
évidemment des retardataires, passaient sur ma
tête à sept heures du matin, décrivant de grandes orbes qui allèrent se perdre droit au nord.
Plus encore, un grand vol, *crécellant*, prenait, le
20 septembre, la même direction. J'écrivis immédiatement à mon correspondant d'Anvers pour
lui communiquer ces observations et le prier de

me dire comment se comportaient les martinets dans sa contrée et plus au nord, si possible. Il me répondit qu'il ne s'était jamais bien rendu compte des agissements de ces oiseaux ; mais que, dans sa localité, on en voyait encore au 15 août généralement. Ce simple renseignement suffit à démontrer que ce n'est pas l'appréhension du froid qui les fait fuir de notre latitude, et qu'il est dès lors probable qu'ils vont d'abord à la recherche des générations d'insectes de leur choix, nécessairement plus tardives en avançant au nord, pour revenir ensuite au sud, leur vraie direction de migration. Le même fait va se représenter à propos des hirondelles : il touche à une question plus générale qui a été soulevée souvent, à savoir si un certain nombre d'espèces ne suit point d'abord la maturité des graines, des fruits, ou l'apparition d'autres nourritures, en remontant au nord, pour redescendre ultérieurement. Nous aurons occasion d'y revenir.

La variété du martinet noir, le MARTINET A VENTRE BLANC (*Gyselius albinus*), plus forte de taille, au vol plus puissant et plus élevé encore, a besoin de la plaine campagne pour s'ébattre à l'aise ; elle fuit nos villes et niche dans les rochers, et peut-être dans les vieux arbres. Ses allures de migration sont encore plus obscures ; mais il

est probable qu'elles sont les mêmes que celles
de leurs confrères.

Toussenel rapporte que le naturaliste italien
Spallanzani a calculé que les martinets faisaient
quatre-vingts lieues à l'heure, ce qui fait un vol
de quatre-vingt-neuf mètres à la seconde. En
plein élan, ce n'est peut-être pas exagéré. On conçoit alors la facilité de locomotion de ces êtres
privilégiés et la difficulté d'observation de leur
marche. En quelques heures, ils peuvent franchir
toute la zone tempérée; en quelques autres, se
transporter à l'Équateur et par de là, s'il bon leur
semble, car l'espèce est répandue sur les deux
hémisphères. Mais, néanmoins, cette vélocité hors
ligne n'est pas suffisante pour admettre leur passage direct des côtes de France ou d'Afrique sur
le continent américain, où ils existent également,
si ce n'est par la route plus courte de l'extrême
nord ; car cette traversée exigerait un vol soutenu de soixante heures et de cette même vi-
tesse; bien que nous sachions que ces oiseaux
se sustentent, dorment, se livrent à tous les
actes de la vie dans l'atmosphère, leur véritable
séjour.

Une troisième famille se rattache à ce premier
groupe du genre CHÉLIDON (dont la signification
grecque est purement et simplement *Hirondelle*),

c'est celle des Engoulevents (*Caprimulgus europæus*). Or, ici, le *larron* a la main forcée par
l'occasion. Guéneau de Montbelliard, le collabo-

Engoulevent.

rateur de Buffon et un père de la science, dit :
« *Lorsqu'il s'agit de nommer un animal, ou, ce
qui revient presque au même, de lui choisir un
nom parmi tous les noms qui ont été donnés, il
faut, ce me semble, préférer celui qui présente
une idée plus juste de la nature, des propriétés,
des habitudes de cet animal, et surtout rejeter im-
pitoyablement ceux qui tendent à accréditer de
fausses idées et à perpétuer des erreurs. C'est en*

partant de ce principe que j'ai rejeté les noms de Tette-chèvre, de Crapaud-volant…. donnés par le peuple ou par les savants, à l'oiseau dont il s'agit. Le premier de ces noms a rapport à une tradition, fort ancienne à la vérité, mais encore plus suspecte; car il est aussi difficile de supposer à un oiseau l'instinct de tèter une chèvre que de supposer à une chèvre la complaisance de se laisser tèter par un oiseau; et il n'est pas moins difficile de comprendre comment, en la tètant réellement, il pourrait lui faire perdre son lait…. » — Et c'est précisément sur cette fable que la science a basé ce nom générique de *Caprimulgus europæus*, littéralement *tetteur de chèvre d'Europe*. Passant sous silence le nom de *Gypselus* (plàtreux), donné aux martinets noirs, et qui n'exprime rien, le larron dit carrément que c'est abuser du grec et du latin.

L'*Engoulevent*, ainsi nommé habituellement par sa large gueule, niche en France. Son habitat est sur les coteaux pierreux exposés au soleil. On l'y rencontre fréquemment au mois de septembre, en chassant la perdrix ou le lièvre, étalé ou endormi aux chauds rayons du milieu du jour. Mais que nos confrères en saint Hubert l'épargnent : c'est un oiseau utile au premier chef, et ils seraient mal récompensés de leur exploit. Il

m'est arrivé, dans une circonstance pareille, d'en
tuer un, surpris que j'étais de ces deux grandes
ailes et d'un vol insolite qui passait devant mes

Hirondelles de fenêtre.

yeux à l'improviste, et, sur la foi des anciens,
de le joindre à un salmis de menus volatiles.
Pouah!.... Je compris alors son surnom de *cra-*

Rassemblement des hirondelles, page 125.

paud-volant : il avait empesté tout le reste, qui
fut bon pour les chats [1].

Myope de nature et n'y voyant qu'au demi-jour,
il descend dans les plaines, au crépuscule et à
l'aube, pour capturer les insectes, sa seule nourriture. Quant à sa migration, il disparaît à la fin
de septembre et nous revient aussi mystérieuse-
ment en avril ou en mai.

Passons aux vraies HIRONDELLES, qui sont repré-
sentées en Europe par quatre variétés : l'HIRON-
DELLE DE FENÊTRE, *ou à cul-blanc* (*Hirundo urbica*);
l'HIRONDELLE DE CHEMINÉE, *à gorge rousse* (*Hirundo
rustica*); l'HIRONDELLE DE ROCHERS (*Hirundo mon-
tana*); l'HIRONDELLE DE RIVAGE (*Hirundo riparia*).

Dès la seconde quinzaine d'août, les hirondelles
de fenêtre commencent à se rassembler et à se
concerter. Ce sont généralement les toits de nos
grands édifices qui servent de points de réunion.
Les assemblées deviennent de jour en jour plus
nombreuses, au fur et à mesure que les dernières
nichées prennent leur vol ; on presse celles en
retard et qui deviennent alors l'objet de soins em-
pressés pour hâter leur essor ; jeunes et vieilles,
ainsi que les voisines compatissantes, s'en mêlent

1. Cependant une dame digne de foi, chasseresse et gastronome, m'affirme qu'ailleurs, dans la forêt d'Orléans par exemple
où il abonde, il est très-mangeable et même fort bon.

et apportent la pâture. Les *meetings* s'animent
de plus en plus : les oiseaux ont alors un pépie-
ment spécial ; quleques-uns volent à l'entour, ou
vont et viennent au loin. Puis un beau jour, aux
environs du 20 septembre, un peu plus tôt, un
peu plus tard, suivant la température et le temps
de la saison, on n'en revoit plus.

Une observation, ancienne pour moi, m'intriguait fort. Lorsque nous chassons l'alouette au
miroir, à la fin d'octobre, nous voyons passer
journellement de grands vols épars d'hirondelles,
tirant droit au sud, d'un vol égal et soutenu, en
rasant les champs ; et je me demandais si les habitantes du nord, plus aguerries, prolongeaient
ainsi leur séjour. L'automne de 1877, très-varié
de temps et de température, devait encore m'apporter, de même que pour les martinets, un grand
éclaircissement. En raison des conditions atmosphériques, pluvieuses et froides, de septembre,
le départ avait été très-précoce dans ma localité.
Le 17, alors qu'il n'en paraissait plus, depuis plusieurs jours, j'en revis quelques couples dans la
journée volant rapidement au nord. Les jours sui-
vants mêmes observations ; plus encore, des volées entières ; et ainsi de suite jusqu'à la fin du
mois. De son côté, M. Pellicot nous dit qu'elles
ne quittent la Provence qu'en octobre. Il n'y a donc

plus à hésiter : les hirondelles, elles aussi, remontent au nord pour redescendre ensuite ; du
moins celles dites *culs-blancs*, de beaucoup les
plus nombreuses et les mieux observées.

L'*Hirondelle de cheminée* annonce moins son

Hirondelles de cheminée.

départ par ses rassemblements ; elle nous quitte
quelques jours avant sa sœur et nous revient plus
tardivement.

L'*Hirondelle grise de rochers* n'est répandue en
France que plus au sud, où elle habite les roches
et les hautes falaises. Elle arrive vers le 10 mars
et repart la dernière ; un certain nombre demeure

sédentaire même dans les rochers bien exposés du littoral méditerranéen.

L'*Hirondelle de rivage*, la plus petite, niche dans

Hirondelles de rivage.

les trous qu'elle creuse elle-même dans les berges. Il ne faut point la confondre avec l'oiseau d'assez grande taille que l'on nomme communément *Hirondelle de rivière*, et qui n'est autre qu'un oiseau maritime, aux pattes demi-palmées et se nourrissant de poisson, égaré sur nos grands

cours d'eau. La véritable disparaît en même temps
que celle de fenêtre et revient en avril : ce pourrait être celle-ci qui, par quelques faits exception-
nels, aurait donné lieu aux fables anciennes des
pêcheurs.

Les hirondelles sont d'excellents observateurs
de la ligne isothermique, à leur retour du printemps. Ainsi, elles s'installent à Paris bien avant
que dans des contrées plus méridionales où des
conditions locales retardent la température printanière, ainsi que j'ai eu l'occasion de le voir.
Mais voici un fait plus caractéristique et qui
prouve en même temps l'intelligence de ces oiseaux.

Au mois d'avril 1874, un manufacturier du
Pas-de-Calais m'écrivait l'intéressante lettre qui
suit :

« Dans ma fabrique, il y a plusieurs centaines
d'hirondelles qui vont, viennent, chantent, se posent sur les métiers, si près des ouvriers que
ceux-ci, s'ils le voulaient, pourraient les prendre
à la main. Elles ont là leurs nids, elles y pondent,
y élèvent leurs petits, à deux mètres de n'importe
quel ouvrier. Et, chose étrange, on dirait que ces
charmants oiseaux savent que les déjections de
leurs oisillons pourraient gâter l'ouvrage ; on ne
voit jamais d'ordures sous leurs nids. Ils emportent

tout. Ils rentrent, ils sortent des milliers de fois dans une journée peut-être, en ne passant jamais que par la porte. Ils ne veulent pas se servir des fenêtres ouvertes. A cinq heures et demie du matin la cloche sonne pour la rentrée des ouvriers, on leur ouvre la porte, et elles s'en vont en poussant de petits cris. A sept heures et demie du soir, quand la cloche sonne la sortie, toutes nos hirondelles rentrent au plus vite, de peur de coucher dehors, et je suis sûr qu'il en manque rarement à l'appel.

« Mais ces doux messagers du printemps sont d'une férocité rare pour n'importe quel oiseau qui se permet d'entrer dans les ateliers. Seules les hirondelles qui y sont nées ont le droit de cité. S'il survient une hirondelle étrangère, un malheureux pierrot, etc., toute la bande pousse des cris furieux, au point de dominer le bruit des métiers, et, en deux ou trois minutes, l'intrus est entouré et tombe mourant à nos pieds.

« D'autres savent peut-être comment dans une telle foule elles peuvent se reconnaître, mais ce qui étonnera surtout, c'est que, quand vous n'avez pas d'hirondelles à Paris, moi qui suis ici tout au nord de la France, à quelques lieues de la mer, dans un pays froid et humide, j'ai déjà les *miennes*. Peu nombreuses, il est vrai, ce sont les fourrières, et dans le pays il n'y en aura pas peut-être avant trois semaines.

« A leur arrivée elles se perchent sur les métiers et entonnent un chant qui dure dix minutes au moins sans s'arrêter ; jamais leur voix n'est aussi vibrante, aussi forte qu'alors. Ce sont des roulements à n'en plus finir, elles semblent exprimer le bonheur de nous revoir, et d'être enfin arrivées au but de leur lointain voyage. »

Cette lettre exprime surtout à merveille le sentiment d'affection, de respect, qu'on a dans le Nord pour les hirondelles. Il peut arriver que des amateurs, comme exercice de tir, en abattent quelques-unes ; mais jamais pour en faire victuaille ; on les regarde même comme immangeables. Il n'en est point de même dans le Midi : ont-elles acquis en route de plus grandes qualités gastronomiques? Je ne sais ! Mais, profitant de leur habitude de se remiser le soir dans les joncs des marais ou du bord des fleuves, c'est par milliers qu'on les capture. On me dit même qu'on les réexporte par tonnes d'Italie dans le Nord. Ce fait, je l'avoue, serait bien capable de me ranger dans le camp des protecteurs à outrance de tous les oiselets.

*
* *

Logeons à la suite de ce groupe, pour n'y point revenir, deux oiseaux insectivores dont la classification européenne est elle-même assez embarrassée, car ils sont les seuls représentants de leur

Le Coucou.

genre dans notre zone tempérée : je veux parler du *Coucou* et de la *Huppe.*

Le Coucou (*cuculus canorus*) est en effet un oiseau ambigu difficile à classer. Par le plumage zébré transversalement et par son vol, il ressem-

ble à l'épervier ; par le bec et les pattes au merle
ou à la tourterelle. Ses mœurs sont encore plus
étranges : comme on sait, il ne fait point de nid
et charge d'autres espèces du soin de couver, nourrir et élever sa progéniture. C'est fort commode.
Cette manière d'agir, ainsi que ses allures sauvages, mystérieuses, l'ont fait accuser d'un grave
méfait : celui de gober au préalable les œufs ou les
petits auxquels il donne pour remplaçant son
propre œuf. Il n'en est rien, et ce conte est venu
sans doute de ce que la femelle, pondant à l'é-
cart, transporte dans sa gorge, suffisamment dé-
veloppée à cet effet, son propre œuf pour le dépo-
ser dans le nid qu'elle a choisi ; et pousse la
prévoyance si loin que, comme elle ne s'adresse
généralement qu'à de petites espèces, rouge-gorge,
bergeronnette, etc., qui ne pourrait nourrir plusieurs de ses rejetons, elle n'en place qu'un seul
par chaque nid, bien qu'elle en ponde cinq ou six.
Mais ce rejeton, une fois éclos, rejette forcément
au dehors par son volume les autres œufs ou les
autres petits et reste communément seul : voilà
où est le mal. Le coucou se nourrit particulièrement de chenilles poilues, et il a la faculté d'en
dégorger les peaux, comme les rapaces. Il émigre
fin août et commencement de septembre, fort sournoisement ; il revient en avril. Il est aux premiers

jours moins sauvage, erre dans les vignes, dans
nos vergers : sa chair est à cet instant très-délicate.
A quoi cela tient-il ? — Je l'ignore.

La Huppe (*upupa*), comme le coucou, tire son
nom de son cri caractérisque : « *Hup-hup-hup !!!*...
Hup-hup-hup !!!... » cadencé et souvent répété ; et
non pas de l'aigrette de plumes qu'elle porte sur
la tête et dont le nom dérive lui-même de celui de
l'oiseau. Son beau plumage, fauve rosé, en fait
un des plus remarquables volatils d'Europe. Il se
nourrit à terre d'insectes mous et de molusques.
Il est de passage dans notre zône en septembre ;
mais il y niche aussi à son retour d'avril ; il n'est
point rare en été aux environs de Paris. On a fait
également porter sur lui les méfaits de ses enfants,
à savoir, qu'il construit son nid avec de la fiante
pour le sauvegarder. Ce sont ses petits qui, enfermés dans le creux d'un arbre et ne pouvant rejeter
leurs ordures, ont causé cette erreur ancienne. A
l'automne, la Huppe est très-grasse et ne fait point
mal à la broche.

Avec la même ponctualité que le martinet, la
Cigogne blanche à ailes noires (*ciconia alba*) se met
en route le 14 ou le 15 août, par grandes troupes
confuses, à plus ou moins de hauteur, selon l'état
hygrométrique de l'atmosphère, et dans la mati-

née comme le soir. Elle va droit au sud, *craque-tant* en chemin de son long bec ; c'est son langage

La Huppe.

de voyage. Mais son passage est moins subit et se prolonge un certain temps. Ses cantonnements d'été s'étendent jusque par delà la mer Baltique, partout où elle est assurée de trouver une ample pâture de serpents, de lézards et de batraciens.. Elle ne niche en France que dans l'ancien ne pro-

La Cigogne.

vince d'Alsace. Les cigognes migrent en Afrique où un grand nombre s'arrêtent en deçà de l'équateur ; mais d'autres poursuivent et passent dans l'hémisphère austral, comme on l'a vu par l'exemple de la flèche révélatrice, cité précédemment.

Ici se pose une question au sujet de ces derniè-

La Grue.

res, comme à celui de tous les oiseaux soupçonnés ou convaincus de prendre le même itinéraire trans-équatorial. Elles retrouvent dans cette autre région le printemps et la saison des amours : y subissent-elles la loi commune du lieu et s'y livrent-elles à une nouvelle reproduction ? — Notre vieux naturaliste du seizième siècle, Belon, qui avait parcouru l'Orient, incline à le penser, et Adanson affirme avoir vu des cigognes nicher en Egypte pendant l'hiver. C'est là un intéressant problème sur lequel nous ne tarderons pas à revenir.

La Cigogne noire (*Ciconia nigra*) est plus rare et plus sauvage ; car loin d'habiter les villes et les demeures de l'homme, elle se retire au loin ; elle a les mêmes habitudes de migration et revient également en mars et en avril.

La Grue (*Grus cinerea*), le plus grand et le plus beau type de ces échassiers d'Europe, est beaucoup plus tardive dans sa migration et nous donne rarement occasion de la voir dans notre latitude, attendu que sa station estivale est fort loin au nord et qu'elle migre la nuit, sans aucun doute par la peur de l'aigle, son ennemi acharné, et à grandes étapes, ne nous révélant son passage que par ses clameurs ou ses cris de ralliement. Elle adopte, elle aussi, l'ordre de vol triangulaire des grands palmipèdes.

Le nom seul de cet oiseau a le don de me rappeler un temps lointain, celui où à la rentrée du collége, saison froide et brumeuse précisément à laquelle la grue émigre, je commençais ou recommençais l'explication de l'*Iliade* et somnolais, plus souvent que le bon Homère (*qæcumque bonus dormitat Homerus*, réminiscence classique), sur le texte grec. J'ai tant répété ou entendu répéter ce passage de début du troisième chant qui nous intriguait fort, qu'il s'est incrusté dans ma mémémémoire :

« A peine les deux armées, leurs chefs à leur
« tête, sont rangées en bataille ; les Troyens, tels
« que des nuées d'oiseaux, s'avancent avec des cris
« perçants : ainsi s'élève jusqu'au ciel la voix écla-
« tante du peuple ailé des grues, lorsque, fuyant
« les frimas et les torrents célestes, elles traversent
« à grands cris l'impétueuse mer, et, portant la
« destruction et la mort à la race des pygmées,
« livrent, en descendant des airs, un combat ter-
« rible ! »

Charitablement, et pour nous mettre sur la voie, le professeur aurait pu nous donner la simple explication de Buffon, à savoir que les singes qui vivent en grandes troupes en Afrique et dans l'Inde et qui sont très-friands d'œufs d'oiseaux, font aux grues une guerre acharnée. On sait avec quelle

Combat de Pongos et de Grues, page 141.

satisfaction un singe en captivité tord le cou à un perroquet qui lui tombe sous la main et le plume dextrement. Les grues, à leur arrivée, trouvent probablement ces ennemis rassemblés en grand nombre pour attaquer cette proie qui leur tombe du ciel. De là des combats terribles où les quadrumanes n'ont pas toujours le dessus, mais qui, vus de loin et avec l'imagination native des Orientaux, ont pu paraître livrés par les grues à une race humaine de petite taille. Le grand Alexandre lui-même, avant ou après son entrée à Babylone, je ne sais, faillit se laisser prendre à une semblable illusion et allait envoyer sa phalange d'élite contre une armée de singes *Pongos*, lorsque le roi Taxile lui fit remarquer que cette multitude qu'on voyait sur les hauteurs n'était autre qu'une troupe d'animaux inoffensifs attirés par la curiosité « mais, à la vérité...., ajoute Buffon ou un de ses continuateurs, moins insensés, moins sanguinaires que les déprédateurs de l'Inde ! »

Les grues partant tard, en octobre et novembre, remontent de bonne heure en mars.

Je ne cite que pour mémoire un autre bel échassier, le Héron indigène qui niche en Europe par grandes colonies ou *Héronnières* ; il n'est qu'erratique en hiver, cherchant un peu dans tous les recoins sa pâture journalière.

Le Héron.

Les Butors (*Ardea stellaris*), dégénérescence des précédents, sont un peu plus migrateurs ; encore s'arrêtent-ils à la limite des froids susceptibles de congeler le bord des étangs.

Le Butor.

Et j'arrive, en suivant l'ordre de date de la migration, à la Caille (*Perdix coturnix*), oiseau doublement intéressant par toutes les questions qu'il fait naître et comme gibier fin et délicat. Nous nous y arrêterons donc le temps nécessaire.

La caille commence à quitter nos champs où elle a fait ses nichées, lorsqu'ils se dépouillent de leurs récoltes vers le 15 août ; mais comme ces mêmes récoltes s'échelonnent jusqu'aux dernières stations des cailles au nord, que les nichées plus lentes et plus tardives s'y prolongent, la migration se continue très-tard, jusqu'au milieu d'octobre, et même il n'est point rare de rencontrer de ces oiseaux, empêchés ou trop jeunes, après le premier novembre. Ils nous reviennent à partir du commencement de mai, lorsque les herbes des prairies sont assez hautes pour leur donner un abri ; tous les observateurs s'accordent à dire, en deux passages : le premier composé des mâles que, par les belles nuits des environs du 10 mai, on entend passer à leur cri répété : « *Carcaia !!! carcaia !!!...,* », cri de ralliement et d'indication des vols épars, dont les dégradations donnent la direction des oiseaux droit au nord en même temps que l'intensité de leur vol égal, soutenu et à longue portée ; le second passage, composé des femelles et qu'on ne peut guère constater que par l'observation sur le terrain, a lieu vers le 1ᵉʳ juin.

Elles ont pour la migration nocturne deux raisons : profiter de la température plus fraîche qui favorise leur vol ; éviter la voracité des rapaces diurnes. Quant à celle des rapaces nocturnes elles y échappent par une élévation qu'on ne peut estimer à moins de deux cents mètres.

Ainsi voilà un oiseau, au corps lourd, surtout en automne, lorsqu'il est surchargé d'embonpoint,

Famille de cailles.

aux ailes courtes et arrondies, qui, lorsque nous le faisons lever en plein jour, ne nous paraît doué que d'un vol abaissé et à courte portée, et qui la nuit fait preuve d'une puissance de locomotion que nous n'aurions pu soupçonner. C'est qu'alors, — indépendamment de l'influence de la fraîcheur, tellement manifeste pour les chasseurs qu'ils ont coutume de dire, chaque fois que le temps est frais et vif, *que les cailles volent comme des hirondelles,* — elles n'ont plus, timides et sans défense, la crainte de leurs nombreux ennemis, crainte qu les porte de jour à surbaisser leur vol et à chercher au plus vite un abri sous tous les couverts à leur proximité. Nous pouvons en tirer cette conséquence immédiate que si la sécheresse a sévi dans une contrée ou que toute autre cause ait dénudé les champs, on peut y pronostiquer par avance que le passage et le stationnement des cailles y seront peu abondants ; elles vont plus loin, là où elles trouveront de meilleures conditions de sécurité et de réfection. ,

Elles nichent partout en Europe, avec une fécondité considérable et à plusieurs reprises, depuis le littoral de la Méditerranée jusqu'au cercle polaire, au dire de la généralité des naturalistes. Néanmoins, M. della Faille assure qu'au nord de la Hollande elles deviennent déjà rares et que, dans la contrée d'Anvers, le passage est presque nul ;

mais elles pullulent dans ce dernier lieu à un tel
point, que dans son seul terrain de chasse, les
gardes ont constaté, en une saison, douze cents
nids détruits par la fauchaison des prairies artifi-
cielles. A l'automne, les plus libres et les plus
dispos de ces oiseaux prennent les devants ; les
autres suivent selon l'âge et la force des jeunes.
Un dernier passage a lieu vers la mi-octobre, composé en majeure partie des mères qui ont été re-
tenues par les soins à donner à leurs derniers
rejetons et par la nécessité de se ravitailler elles-
mêmes. Toutes ont eu alors le temps de se mettre
en bel état ; aussi cette passée est-elle dite des
Cailles grasses. Suivant leurs conditions d'activité
ou à leur convenance, elles commencent à s'arrêter dans les pays à température humide et tiède,
le sud de l'Angleterre, la Bretagne, où quelques-
unes hivernent, et le nombre de ces stationnaires
précoces va en augmentant jusqu'au littoral. La
masse passe en Afrique, et M. Pellicot, de Toulon,
est d'avis qu'elles ménagent leurs forces en cal-
culant leurs étapes de façon que la dernière
aboutit juste au rivage. Il en donne pour preuve
que, par les jours de bon passage, tandis qu'on
les trouve en abondance sur la côte, on n'en rencontre que fort peu dans l'intérieur des terres, à
courte distance.

Ici se présente la grande question de la traversée de la Méditerranée qui étonne l'esprit, il est vrai, mais qu'il faut bien admettre, même pour des espèces plus chétives et plus faibles. La plus grande distance qui sépare le continent africain de l'Europe, soit de Marseille à Alger, est d'environ 650 kilomètres. La caille n'a pas sans doute l'aile dégagée de beaucoup d'autres oiseaux, du ramier, par exemple, mais les mouvements en sont beaucoup plus rapides, à ce point qu'ils échappent à l'œil dans son vol de jour. En se basant sur l'opinion d'un vol de 80 lieues à l'heure pour le martinet, de 60 pour l'hirondelle, et de 25 à 30 pour le pigeon voyageur, on peut sans exagération admettre un vol de 16 lieues pour la caille. La traversée directe lui demanderait donc dix heures, c'est-à-dire l'espace d'une nuit; et M. Pellicot estime que beaucoup exécutent ce trajet directement et d'une traite. Mais il ne faut pas oublier que les points intermédiaires ne leur manquent pas : c'est, à partir de l'ouest, le détroit de Gibraltar, large seulement de quinze kilomètres; la ligne des îles Baléares qui coupe l'espace en diagonale et par le milieu; la Corse et la Sardaigne qui se suivent, et, par leur droite direction, semblent une route toute tracée de l'un à l'autre continent ; la Sicile, dont la pointe occidentale est à peine éloignée de 150 kilomètres de la côte de Tunis ; Malte, les îles de l'archipel, sans parler d'une multitude d'îles et d'îlots à leur disposition et dont elles profitent, à en juger par les captures formidables qu'on y fait aux époques des passages. Le merveilleux disparaît donc de ce grand parcours ; néanmoins, l'effort donné par l'oiseau n'est pas léger et ce n'est pas sans motif que la nature l'a pourvu, au départ, d'un supplément de graisse, véritable aliment de son foyer de locomotion forcée, car, à son arrivée à la côte d'Afrique, on constate qu'il n'a plus le même embonpoint. D'autre part, de nombreuses vicissitudes peuvent l'atteindre dans le trajet, soit qu'il ait trop présumé de ses forces, soit qu'il ait été surpris par une saute de vent défavorable ou par des bourrasques, car un bon nombre, bon gré, mal gré, tombe à la mer. Ce fait est certifié par un exemple curieux que rapporte M. Pellicot, qui a fait une étude spéciale des mœurs et de la migration de la caille sur le littoral. Un matin de mai, à La Ciotat, il vit rentrer des bateaux de pêche qui avaient à bord une dizaine de petits requins : ceux-ci furent ouverts devant lui ; « *il n'y en avait aucun qui n'eût de huit à douze cailles dans le corps.* » — Ces tribulations qui menacent les oiseaux migrateurs, même sur terre, ne sont point rares. On m'a parlé, il y a déjà longtemps, de bandes entières précipitées dans le Rhône par les gros temps et qu'on pêchait le lendemain à la surface. A Genève, on m'a conté qu'un immense vol de grives avait été jeté dans les rues mêmes, probablement par une de ces rafales verticales, communes dans les pays de montagnes; on en ramassait dans tous les coins et recoins, et les Génevois en firent bombance.

Naturellement on a fait beaucoup de fables sur ce passage transméditerranéen des cailles, sans qu'aucune soit fondée sur une observation positive. Une surtout a encore cours : c'est qu'elles auraient la faculté de se reposer sur la mer en prenant la précaution de tenir une aile élevée, soit en guise de voile, soit pour reprendre plus facilement leur vol. Ce qui y a donné lieu, c'est qu'on a pu voir des cailles tombées à la mer, se débattant et cherchant à se relever ; mais il leur faut, comme à bien d'autres oiseaux, l'élan de leurs pattes pour prendre leur vol, et ici le point d'appui leur fait défaut. Notre observateur du Midi ajoute judicieusement que si elles avaient cette faculté, elles commenceraient par s'en servir pour se garer de ce terrible amateur de leur chair, paraît-il, le requin.

Le fait certain, c'est qu'elles arrivent en Afrique.

Un bon nombre hiverne en deçà du Sahara, car on les rencontre et on les chasse tout l'hiver en Algérie. Beaucoup d'autres franchissent le désert: ce fait est certifié par l'observation bien précise qu'elles sont en plein passage de retour, sur le littoral algérien, au mois de mars. Belon et le naturaliste anglais Cotesby n'hésitent pas à faire passer ces dernières, en tout ou partie, au delà de l'équateur, dans l'autre hémisphère. La même question d'une reproduction nouvelle qui s'est posée d'elle-même pour les cigognes, se rencontre donc encore ici, et il faut s'y arrêter.

La transmigration équatoriale est basée sur ce retour au printemps dans la région du littoral nord de l'Afrique, d'une part; de l'autre, sur la présence de l'espèce identique dans l'hémisphère austral. Étant donné le tempérament ardent, passionné des cailles, ainsi que leur grande fécondité, l'hypothèse d'une seconde reproduction, dans des conditions favorables, devient assez naturelle. Buffon, fort circonspect sur ces deux points, constate néanmoins qu'elles ont deux mues annuelles qui précèdent leurs départs : grave indice qu'elles partagent du reste avec d'autres espèces. Pour ma part, je serais porté à voir dans le fait de nouvelles amours, l'explication de la rage de migration, c'est le mot! qui saisit ces oiseaux,

même en captivité, aux époques déterminées.
Tous les autres sont, il est vrai, inquiets, agités,
aux mêmes instants; mais ceux-ci poussent la
passion jusqu'à braver des chocs et des blessures
répétés qui les assommeraient, comme chacun
sait, dans leurs pointes ascentionnelles nocturnes,
si on n'avait la précaution de garnir de toile ou
de filet le plafond de leur prison ; et cela, quelles
que soient la température et la provende dont on les
entoure. Cette passion semblerait indiquer un mobile plus puissant, plus impérieux encore que le
vivre. On objecte qu'il ne nous en revient pas de
jeunes au printemps. Mais il est probable qu'il serait également difficile de constater une grande différence de taille et d'âge parmi celles qui arrivent,
à l'automne, en Afrique ; par la première raison
qu'il est à présumer que ce sont les individus complétement adultes qui se livrent à ces grandes migrations; et par cette seconde, que tous ont alors
accompli au moins une mue, ainsi qu'il vient d'être
dit, et qu'il est peu aisé, à première vue, d'établir
une distinction. Cependant, un de mes amis qui a
longtemps habité l'Algérie, me dit avoir vu les
arabes prendre des quantités de *jeunes cailles*, au
retour de mars, en les acculant à l'extrémité des
fossés et en les couvrant simplement de leur bur-
nous. De son côté, M. della Faille, qui a habité,

chassé et observé en Italie, m'écrit « *qu'il est en mesure, d'affirmer de visu, qu'à l'arrivée des cailles sur le littoral de ce pays, il y en a d'âge différent, comme l'atteste leur plumage.* » — Tels sont les renseignements que j'ai pu rassembler sur ce point de la transmigration équatoriale, d'un certain intérêt en histoire naturelle, et qui ne pourra être précisé que par des observations à venir faites sur les lieux mêmes et bien déterminées.

Je m'étends longuement, et encore, pour être plus bref, avec beaucoup de sécheresse, sur le chapitre de la caille : c'est que c'est un sujet bien intéressant et qui nous permet d'étudier divers problèmes sur lesquels nous n'aurons plus à revenir ; à ce point même que plusieurs considérations sont encore nécessaires.

En examinant la conformation du littoral nord du continent africain, il est naturel de penser, conformément à la théorie émise précédemment au sujet des bécasses, que les cailles se divisent pareillement, à leur retour, en quatre groupes, ou mieux, en quatre veines centrales, dont l'une part de là pointe du Maroc pour se répandre en Espagne et dans l'Europe occidentale ; la suivante, de la pointe de la Tunisie pour aborder en Italie et se disséminer dans l'Europe centrale ; la troisième, du promontoire du Benghazi dans la

régence de Tripoli pour se répandre, par l'île Crète,
dans l'Archipel et le centre de la Russie ; la quatrième, du delta du Nil, par le littoral de l'Asie et
l'île de Chypre, gagne la Russie orientale et les
parages des monts Oural. Ces groupes et leurs
vols successifs infléchissent leur marche à l'Ouest
ou à l'Est, selon la direction du vent régnant ;
selon Buffon, cette remarque a été faite depuis
longtemps et d'une manière précise aux passages
de l'île de Malte. D'une part, elle explique la
variété des arrivages en telle ou telle contrée ;
de l'autre, elle est un nouvel exemple du mode de
dispersion des oiseaux sur la surface du globe,
indépendamment de leur sagacité à juger des
contrées où ils trouveront les conditions d'existence les plus favorables. Nous aurons à revenir
sur ce fait dans une appréciation plus générale.

Cette théorie des groupes ou des veines, est
particulièrement justifiée ici par le nombre considérable des cailles qui abordent dans les îles et
sur le littoral de l'Italie. On connaît, de longue
date, les captures immenses qui s'y font chaque
année. Au siècle dernier, on en prenait jusqu'à
100 000 en un jour à Nettuno, dans le royaume
de Naples, sur une étendue de côte d'une lieue ou
deux. L'évêque de Capri se faisait vingt-cinq mille

livres de rente avec la location de la chasse dans son île, d'où lui venait le surnom d'*évêque des cailles* : et il faut dire, pour se rendre compte de l'importance des captures, que ces oiseaux se vendaient alors, à Rome, environ huit francs de notre monnaie le cent. Cette industrie des côtes italiennes n'a fait qu'augmenter avec les facilités de transport et la valeur croissante de ce gibier. Aujourd'hui on exporte dans toutes les directions et jusqu'au Nord des cailles vivantes en cage, par pleins wagons. Si bien que M. della Faille terminait un des bulletins qu'il a l'obligeance de m'envoyer, par cette plaisanterie : « On signale quelques rares cailles ; mais un certain nombre nous sont déjà arrivées.... *par le chemin de fer.* » On se demande, après ces massacres réguliers du littoral, si les restrictions apportées dans l'intérieur des terres ont un grand sens et une grande efficacité ; mais cette question reviendra, plus complète et plus générale, à la suite de cette étude, dans le chapitre des conclusions.

La caille est assurément un des oiseaux qui s'accomodent le mieux des progrès de notre agriculture : nos défrichements, nos terrains couverts de hautes récoltes régulières, le développement de nos cultures de céréales, lui offrent d'excellents abris où elle se complaît à merveille. Mais

il y a un revers de médaille : les prairies artifi-
cielles, source de richesse pour les agriculteurs,
sont pour elle, comme pour beaucoup d'autre gibier vivant sur le sol, une demeure traîtresse qui
la séduit par ses fourrés, sa fraîcheur et les nombreux insectes qu'elle y trouve à picorer ; puis,
comme le prouve l'exemple cité plus haut, vient
la tonte précoce et les tontes successives qui détruisent le travail de la reproduction. Grâce à la
prodigieuse fécondité de la caille, qui couve d'une
fois quinze ou vingt œufs et recommence jusqu'à
trois reprises ; les mâles y mettent bon ordre en
expulsant les petits dès qu'ils sont en état de se
substenter ; l'inconvénient est atténué, et on peut
dire que la compensation s'établit.

On s'est démandé, enfin, si cet oiseau suivait
aussi les récoltes ; c'est-à-dire les céréales en maturité, sa subsistance plus spéciale de l'automne.
Dans les pays de montagnes, à moissons échelon-
nées selon l'altitude, de la plaine aux derniers
sommets, on admet généralement le fait, non par
l'observation directe ; car les cailles sont complè-
tement muettes alors dans leurs voyages nocturnes et rien ne révèle leurs agissements ; mais
par l'accumulation qui se produit sur les hauts
plateaux et dont il a déjà été parlé, soit par la
venue des cailles de la plaine, soit par le station-

nement des émigrantes du Nord. Quoiqu'il puisse être de ces stations, l'avant-garde des plus pressées, poursuit son vol à l'époque déterminée et arrive, notamment en Italie, dès le commencement de la seconde quinzaine d'août.

De tous les *Gallinacés* indigènes, la caille est à peu près le seul migrateur, ou tout au moins le seul émigrant régulier ; car il n'y en a qu'un autre qui suive son exemple et encore bien à l'aventure, sans périodicité, sans époques fixes : c'est la petite perdrix grise, la perdrix à pattes jaunes, autrement dit LA ROQUETTE .Quelques chasseurs, fort compétents, nient son existence ; bien certainement parce qu'ils n'ont jamais eu l'occasion de la rencontrer ; mais je puis leur assurer en avoir *revu par pieds et par corps*, style cynégétique, vivantes et mortes. Dans le Jura, leurs passages, sans être fréquents, ne sont pas rares. C'est le plus communément en septembre qu'on les trouve, fort au hasard, par bandes de cinquante, de cent, de deux cents : elles ont le pied léger, l'aile rapide, et font de longues remises. J'en ai même vu fort à l'arrière-saison, aux premières giboulées neigeuses. Il est peu habituel qu'on les trouve deux jours de suite dans le même territoire et il est difficile de préciser leur direc-

tion : cependant il me semble qu'elles infléchissent
à l'ouest. Le passage du printemps est bien douteux. Maintenant d'où nous viennent-elles, où vont-
elles? — Il ne m'a jamais été possible de trouver
un seul renseignement à cet égard. J'estimerais
que c'est un excès de population des steppes du
Nord qui émigre on ne sait encore vers quelle
contrée.

Le terme générique de *Gallinacé*, emprunté au
nom latin du coq (*Gallus*), n'a pas grande signification. Dans une classification rationnelle, le nom
de *coureur terrestre* ou *Dromipède*, selon la désignation proposée par Toussenel, par opposition à
celui de *coureur aquatique*, aurait plus de sens et
tendrait à rapprocher ce groupe du suivant, les
échassiers terrestres, dont les deux types euro-
péens, *la petite et la grande outarde*, ont singulièrement d'affinité par leurs mœurs et leurs
coutumes : aussi ne les séparerons-nous point.

La Petite outarde ou *Canepétière* (*Otis tetrao*),
appelée *Poule de Carthage* en Afrique, a encore
l'aile puissante des gallinacés, à l'inverse des cou-
reurs de haut titre ; tels que l'*Autruche* d'Afrique,
le *Casoar* de l'Inde, etc., chez lesquels cet appa-
reil du vol n'est plus qu'un appendice de propulsion, ainsi que chez les ultra-nageurs, Pingouins

et autres manchots. Fort craintives et pusillanimes,
les Outardes aiment les grandes plaines, peu peu-
plées, où elles pourront vivre en paix. Autrefois,
en France, la Champagne pouilleuse était leur

Outardes canepétières.

terre de prédilection. Depuis cinquante ans, elles
en avaient presque disparu, aujourd'hui elles tendent à y revenir. Un observateur local, M. Leroy,
bien connu en aviculture, fait coïncider ce retour
avec la diminution corrélative des perdrix, qui
probablement leur faisait concurrence pour le lo-
gement et la nourriture. Un souvenir de jeunesse
me prédispose fort à adopter cette opinion. A un

de mes premiers voyages à Paris, vers 1840, je
traversais la Champagne en diligence : du haut
de l'*impériale*, je vis de loin, dans un vaste guéret
d'une propriété particulière, emplanté de bocque-
teaux d'arbres verts, une quantité prodigieuse de
points noirs, immobiles, par groupes de quinze à
vingt, disséminés à vingt-cinq pas les uns des
autres, environ. Fort intrigué, je regardais, je
regardais, me doutant quelque peu de la vérité,
mais ne pouvant en croire mes yeux. Arrivé juste
en face, une première compagnie de perdreaux
était au repos, à dix pas de la route, et ne se dé-
rangea même pas au bruit du véhicule, tant sa
sécurité habituelle était grande ; et toutes ces agglomérations de points noirs étaient autant de
compagnies. Il y en avait peut-être deux cents,
ainsi réunies sur un même point et sur un espace
tout au plus d'un quart de kilomètre carré, et c'é-
taient de véritables perdrix sédentaires. Évidemment, il n'y avait plus de place pour des espèces
analogues au milieu d'une semblable population.

Il est bon de dire, en passant, que ces dépeu-
plements et ces repeuplements, par des causes qui
nous échappent tout d'abord, et dont il est gran-
dement de mode aujourd'hui, pour les premiers,
d'accuser l'imprévoyance humaine, ne sont point
rares dans le monde des oiseaux. J'ai trouvé, dans

une chronique de ma province, l'époque du siècle
dernier où une colonie de coqs de bruyères vint
s'implanter sur une montagne des hautes altitudes
où, de mémoire d'homme, on n'en avait vu jusque-là. Il y a vingt ans, les gelinotes étaient plus
que rares dans le département de la Haute-Saône;
aujourd'hui il n'en est plus de même. — Eh! mon
Dieu, il en est bien un peu ainsi dans le monde
végétal, base, après tout, du règne animal! Par
exemple, dans le haut Jura, on constate fréquemment que le hêtre succède au sapin dans les bois,
à la grande inquiétude des populations qui ont
urgemment besoin de ce dernier pour la construc-
tion de leurs immenses chalets.

De ce retour imprévu des canepétières dans nos
grandes plaines, il résulte que nous sommes fixés
maintenant sur leurs faits et gestes de migration.
Elles nous arrivent en avril par bandes nombreuses, puis se divisent par couples pour la reproduction. Dès la fin d'août, elles se réunissent de nouveau et partent en octobre. On a été très incertain
longtemps de leur point de station hivernale et on
a prétendu qu'elles s'arrêtaient dans les plaines
du Midi. Qu'il en soit ainsi pour quelques-unes,
c'est possible; mais leur présence en grand nombre en Afrique, *où elles ne nichent point*, est une
indication; d'autre part, mon correspondant du

La grande Outarde.

Gers m'écrit qu'elles ne font qu'une très-courte apparition dans les plaines de la Garonne et qu'elles poursuivent leur vol par delà les Pyrénées. Nul doute, donc, que les canepétières d'Europe ne se rendent en Afrique.

La Grande Outarde (*Otis torda*), le plus grand, le plus beau de nos gibiers ailés de plaine, l'analogue en quelque sorte du coq-d'Inde d'Amérique, est malheureusement de plus en plus rare chez nous, et on se demande s'il en niche encore en Champagne, comme autrefois. Néanmoins, il nous en vient chaque hiver soit du Nord, soit de l'Est, ainsi que d'aucuns disent. Il y a peu d'années qu'on annonçait de Picardie qu'un heureux chasseur en avait tué une pesant dix-huit kilogrammes : beau gibier, en vérité !—Et, naturellement, à un si bel animal, il faut une vie plantureuse et un domaine suffisant où il règne en souverain. C'est sans doute la raison pour laquelle il a quitté nos plaines, dorénavant livrées à une culture active et intensive. Comme la précédente espèce, il vit d'herbes, de gros insectes, de sauterelles ; mais je doute que toutes deux ne soient point quelque peu granivores à la saison, et qu'elles ne suivent pas les mêmes errements à la migration.

La caille a pour compagnon de voyage le Rale de genêt (*Gallinula crex*), plus communément appelé par les chasseurs le *Roi de caille*, qui a le même habitat qu'elle dans nos champs, et dont la migration coïncide tellement avec la sienne qu'on prétend qu'ils traversent la Méditerranée de concert. Ce qu'il y a de bien positif, c'est qu'il migre en Afrique ; et pour qui connaît cet oiseau, bon coureur, il est vrai, mais dont cette faculté semble être le véritable moyen de locomotion, tant il se décide à contre-cœur à se lever et tant son vol est. alourdi par la forme allongée de son corps qui l'oblige à prendre une position verticale, le problème de la traversée est plus surprenant que pour la caille. Il faut ou que la fraîcheur de la nuit lui apporte une vigueur toute spéciale, ou que, comme ses voisins des marécages, les râles d'eau, il ait la faculté de se mettre à la nage et de naviguer à petites étapes. Les observations et les indications manquent totalement à son sujet. Généralement, il niche plus au nord ; il est beaucoup moins prolifique et par conséquent moins abondant. Son départ est aussi un peu plus tardif ; il a lieu au commencement de septembre pour se prolonger jusqu'en octobre.

*
* *

Aux derniers jours d'août ou dès le 1ᵉʳ septembre, en se promenant dans la campagne, au matin,

on entend retentir un petit cri strident : « *B'sie,
B'sie ! ! !...* » ; souvent si haut, si haut, qu'on ne
voit pas même l'oiseau : c'est le Becfigue !

Sur ce gai sujet des charmants habitants de l'air,
il m'est avis qu'il est bon de mêler parfois le *plai-*

Becfigues.

sant au sévère, et ici l'occasion se présente d'elle-
même. La classification scientifique a jugé à propos
de grouper une part des oiseaux que j'appellerais
volontiers les petits *bec fins de la plaine*, dont
celui-ci est un type, sous le nom de genre Anthus.
Curieux de m'instruire, je cherche dans le dictionnaire latin-français de MM. Noël et Chapsal,
le dictionnaire de ma jeunesse, la signification

de ce mot, et je trouve la désopillante définition
que voici : « ANTHUS (du grec *anthos*, fleur). BRÉANT,
*oiseau qui se nourrit des fleurs et qui contrefait
le* HENNISSEMENT DU CHEVAL. » — Ah ! pour cette fois,
me voilà bien renseigné. — Les naturalistes y ajoutent, pour spécifier le becfigue, les surnoms de
Pit-pit des buissons ou de *Traîne-buissons*. Or il ne
hante pas les buissons, se posant de prime-vol
à la cime des arbres, ou à l'intérieur, dans le milieu du jour, pour se remiser, et il pâture à terre
où il coure avec la prestesse de l'alouette. Cet autre nom de *Pit-pit* ne peut être qu'imitatif du cri,
et nous en verrons dans un instant l'origine probable ; mais le becfigue, en dehors de son ramage
du printemps, n'a que deux cris d'appel très-nette-
ment caractérisés : « *B'sie... B'sie!!!..*, », en volant, et un petit « *you... you!!!...* », lorsqu'il est
posé.

Je connais cet oiseau, et pour cause, depuis mon
enfance ; voici son portrait de mémoire et à grands
traits : Taille de la bergeronnette, forme fine et
élégante qui rappelle celle de la Grive avec laquelle
il a d'autres ressemblances, manteau olivâtre strié
de noir, plastron blanc grivelé de taches noires et
citron à la gorge chez le mâle, queue un peu four-
chue, ongle du doigt postérieur long, à l'imitation de l'alouette. Il est insectivore au premier

chef, aimant spécialement les sauterelles à l'automne; mais on doute qu'il picore les figues, et par ainsi que son nom vulgaire lui soit bien adapté. Je n'ai pas assez habité le Midi pour constater si cette dernière assertion est vraie : ce que je sais, c'est qu'il a une prédilection marquée pour les vignes et qu'il s'y remise de préférence à tout autre lieu; plus encore, qu'il s'y engraisse au point de tripler de volume; double rapprochement qui lui a valu dans le Jura le surnom de *demi-grive*, et en Bourgogne celui de *vinette*. D'où je suis disposé à croire qu'il n'est pas indifférent au jus de la treille, perforant les grains du raisin de son bec effilé, comme le rouge-gorge, par exemple, ce qui l'amène à cet embonpoint qui en fait un fin petit gibier, à distancer la graisse factice de tous les ortolans du monde. De là à picorer les figues, il n'y a pas loin.

Les becfigues sont complétement indigènes dans notre zone ; ils y nichent partout dans les lieux frais et élevés, à la lisière des bois et dans les prés boisés; mais dans le Nord, ils doivent être des plus abondants, car leur passage d'automne est considérable. Ce passage commence, dès la fin de juillet, par une première avant-garde plus ou moins nombreuse; mais il ne prend réellement son cours qu'au 1ᵉʳ septembre, va en augmentant jusqu'au

20, pour cesser à peu près le 25. Ces oiseaux passent par grands vols très-épars, depuis le lever du soleil jusqu'à ce que la chaleur soit forte, et un peu le soir.

Autre ressemblance avec l'alouette : ils viennent très-bien au miroir et, comme c'est un fin petit-pied, on en profite pour lui faire une chasse amusante. Dans mon enfance, c'était aux gluaux tendus sur des arbustes factices, plantés en plein champ, et au centre desquels nous placions le miroir : un petit sifflet spécial nous servait d'appeau; mais le talent est de savoir en bien jouer. Aujourd'hui on remplace les gluaux par le fusil chargé à quart de poudre; on choisit, en bon point de passage, un arbre isolé que l'on surmonte de quelques branches sèches, excellents perchoirs bien à découvert, et l'on dispose une cahute de feuillage à une douzaine de pas; le reste va comme précédemment. C'est tout à fait la chasse au poste de Provence, et les habiles y tuent vingt-cinq, quarante, jusqu'a quatre-vingts becfigues en une matinée, dans les bons jours. Avis aux amateurs: la plaine de Paris est un excellent lieu de passage de cet oiseau, comme de beaucoup d'autres, et dans les environs ils pourraient se donner cette récréation.

Après le 25 septembre, il ne passe plus que des becfigues isolés ou par couples. Ce sont ceux-là

On choisit, en bon point de passage...... (Page 170)

qui s'attardent plus volontiers dans les vignes,
alors qu'elles sont en maturité dans l'Est, et qui
y acquièrent l'obésité dont il a été parlé; malheureusement, ils sont rares et on n'en tue ou on n'en
prend plus que par occasion. D'où je suis tenté
de croire que c'est là une variété de l'espèce, de
régime et d'habitude différents; mais sans aucune
preuve à l'appui de mon dire, je l'avoue.

Ajoutons, qu'ils migrent en Afrique, selon toute
probabilité, et qu'ils nous reviennent en avril.

J'ai bien envie, pour faire niche à messieurs les
naturalistes, de conserver à l'espèce qui suit le
nom de Fifi, exacte reproduction de son cri de
passage, et qu'on lui donne communément dans
les départements de l'Est, où elle est très-abondante à l'automne. Les savants ont cru devoir la
baptiser Pitpit-Farlouse : ce nom de *Pitpit*, qui a
ici son origine, n'est nullement l'expression du
cri qui vient d'être dit, et il a le tort de prêter à
la confusion avec d'autres espèces. Quant au mot
de *Farlouse*, pour cette fois, il n'est pas grec, il
est anglais; et comme il n'a ni signification directe
ni racines dans cette langue, il doit être purement
imitatif. Connaissant parfaitement l'oiseau, je ne
vois nullement à quoi cela peut se rapporter, et je
suis obligé de supposer qu'il y a encore ici confu-

sion avec un autre oiseau, l'*Alouette lulu*, comme il sera rapporté plus loin. — Je prie le lecteur d'excuser ces diatribes contre la classification scientifique; mais c'est une revanche, car j'ai eu trop de peine, moi naturaliste des champs, à me reconnaître dans ce grimoire par trop fantaisiste; et, il est bien temps, aujourd'hui que les matériaux sont sinon complets, du moins suffisamment nombreux, de procéder à une simplification et à une précision qui rendraient l'histoire naturelle des oiseaux plus intelligible pour les esprits : voilà le but de cette critique !

Cela dit, la désignation de l'espèce dont il s'agit est facile : Oiseau d'une grande similitude de forme et de plumage avec le précédent, mais plus petit. Il niche plus au nord que notre région, passe en grand nombre à l'arrière-saison, avec les gelées blanches, par troupe à vol peu élevé, et faisant retentir perpétuellement son cri : « *Fifi !!!*... *Fi-Fi-Fi !!!*.... Il est complétement arvestre, c'est-à-dire qu'il vit constamment à terre et se perche rarement. Il en demeure toujours dans nos contrées un certain nombre en hiver, qui se cantonnent le long des rivières et des ruisseaux, là où ils trouvent encore à pâturer. Peu frileux, comme on voit, et fort sobre, cet oiseau ne doit pas s'éloigner beaucoup au Midi; et il nous revient de bonne

heure. Comme l'alouette aussi, dont il est con-
temporain de migration, il *donne* en passant au
miroir. On en tue quelques-uns, par passe-temps ;
mais son vol à soubresauts, irrégulier, en rend
le tir difficile, et cette proie, chétive et maigre, ne
vaut pas le coup de fusil : mieux vaut la laisser
à son rôle utile d'insectivore.

Cette famille comprend plusieurs autres variétés,
moins communes et peu commodes à distinguer
en pleins champs : le *Pitpit* ou le *Fifi rousseline*,
le *Pitpit* ou le *Fifi Richard* (la *Corydolle* des ultrà
savants), le *Pitpit* ou le *Fifi spioncelle*, etc.

Comme bec fin des champs et par une certaine
analogie d'habitat, de coutumes, de nourriture,
même de cri avec le *Fifi* dont il vient d'être parlé,
il faut placer à la suite une mignonne famille, celle
des BERGERONNETTES (*Motacilla*), qui comprend deux
espèces, la *Bergeronnette* proprement dite et la
Lavandière, ainsi nommée de son amour pour les
eaux vives. Toutes deux émigrent plus particulièrement après la saison des pluies de l'automne
qui leur procure en plus grande abondance les
vermisseaux et les insectes dont elles se repaissent. Ce sont, par leurs hautes jambes, la vélocité
et l'élégance de leur démarche toujours cadencée
d'un hochement de queue qui souvent sert à les

·désigner, dè véritables *chevaliers* en miniature.

Les Lavandières, qui se distinguent par leur beau poitrail jaune, nichent un peu partout le long des cours d'eau petits et grands, leur domicile d'élection ; elles sont les plus précoces à la migration, mais les moins abondantes. On les voit, de

Bergeronnettes.

temps à autre apparaître jusque sur les toitures de nos maisons, où elles viennent picorer les insectes qui cherchent là un dernier rayon de soleil et un abri sous les tuiles. Un certain nombre hiverne.

Les Bergeronnettes, à poitrail blanc, nichent plus au nord et nous arrivent en plus grand

nombre et par vols serrés, jusque dans le mois
d'octobre, selon l'état hygrométrique de l'atmosphère. Celles-ci s'arrêtent volontiers dans les prairies, au milieu des bestiaux, pour y piper les insectes que les animaux y attirent, et ces bonnes
bêtes les laissent faire, sachant fort bien qu'elles
leur rendent service, de là le nom de *Bergeronnettes*. Elles suivent aussi, avec grande passion,
le laboureur qui retourne son champ et met à
découvert les larves qui s'y sont enfouies.
Leurs points de station favoris sont les grandes
plaines humides, et comme en chemin elles ac-
quierrent un certain embonpoint, on leur fait
dans le midi une chasse lucrative au filet-battant.
On les vend à Paris, a pleins paniers, sous le
nom pompeux de *Becfigues*, bien que la saison de
passage de ceux-ci soit depuis longtemps termi-
née ; mais les marchands et le *bonhomme public*
n'en savent pas plus long.

Retour en avril.

*
* *

Avant d'arriver à la grande migration d'octobre,
il faut élaguer quelques groupes, importants
néanmoins, et plus ou moins migrateurs de septembre. Le tableau bien rempli qui suivra en
sera d'autant simplifié.

12

Le premier, en ordre de date, est celui des PIGEONS (*Columba*) ou des COLOMBINS, comme dit Toussenel, qui veut, et avec raison, des noms harmoniques pour les oiseaux. Il se compose de trois espèces, les *Tourterelles*, les *Ramiers*, les *Bizets*. Il y en a bien une quatrième, les *Pigeons de roches*; mais je suis tenté de les regarder comme de simples réfractaires des colombiers domestiques.

La TOURTERELLE (*Columba turtur*), sur laquelle on a fait beaucop d'élégies et qui ne les mérite point tant pour l'innocence prétendue de ses mœurs, suit de près la caille, lorsqu'elle a bien picoré nos moissons et ce qu'il en reste aux premiers jours sur le sol; c'est-à-dire à la fin d'août et au commencement de septembre.

Ses cousins les BIZETS (*Columba livia*) et les RAMIERS (*Columba palumbus*), sont un peu moins pressés. Ils commencent par se rassembler, ce que ne fait point la première qui voyage par couple ou par famille; puis ils se mettent en route fin septembre et courant d'octobre, en troupes serrées, à peu de hauteur, mais d'un vol rapide et soutenu. Il paraît que la grande masse de ces deux espèces établit, pour l'Europe occidentale, son grand courant de migration par les gorges des Pyrénées, car l'on sait les chasses formidables

qui s'y font de ces oiseaux de temps immémorial.
J'en ai sous les yeux des descriptions fort intéressantes; mais elles seraient un peu longues et un
peu trop spéciales à la contrée pour être rappor-

Ramier.

tées. J'aime à croire que ce gibier gagne beaucoup en qualité dans son voyage, car sous notre
latitude, il est assez insignifiant.

Les trois espèces migrent en Afrique, non sans
laisser quelques représentants en chemin. Elles
nous reviennent en avril et en mai.

*
* *

Ici encore doit se placer une nombreuse et fa-
rouche tribu, les *Rapaces diurnes et nocturnes*,

qui ont un double rôle dans la migration, celui de participants et d'exploitants. Car il faut bien qu'ils émigrent aussi, sous peine de périr de misère lorsque leur provende habituelle a disparu, les oiseaux pour gagner le sud, les quadrupèdes rongeur et autres bestioles pour s'enfouir sous terre et se garer du froid. Mais ces rusées et méchantes bêtes, qui hélas! ne font qu'exécuter le décret de la souveraine nature, la sustention des êtres vivants les uns par les autres; connaissent parfaitement les époques des passages des oiseaux, plus encore; en excellents géographes, les points de stationnement des espèces qu'ils préfèrent,

Le plus petit moule de la race et celui qui offre les représentants les plus hâtifs dans l'ordre de la migration, est la Pie-grièche (*lanius*, boucher; nom judicieux, pour cette fois) : genre ambigu; car s'il n'a point encore la serre puissante, son bec robuste, recourbé du bout, acéré, échancré, indique bien sa fonction de dépeçeur de chair et de buveur de sang. Très-amateur de gros insectes, guêpes; frelons, bourdons, mais très-avivore aussi, il comprend deux espèces, la *Pie-grièche* proprement dite et la *Pie-grièche-écorcheur*.

Nous sommes déjà en retard avec celle-ci, car dès la fin d'août et le commencement de sep-

tembre elle se met en route, par famille et d'une
façon très-occulte, comme elle nous est venue
au commencement de mai : pour ma part, je n'en
ai jamais vu passer. L'Écorcheur habite la lisière

Pie-grièche.

des bois, les haies, les buissons des terrains vagues. C'est un bel et fier petit oiseau qui porte
gravement sa moustache. Comme ses congénères,
il a une passion pour les insectes hyménoptères,
et lorsque son appétit en est rassasié, pour se dis-
traire ou s'en faire un garde-manger, on ne sait,
il les pique aux épines des buissons. On est fort
surpris de rencontrer souvent ces insectes ainsi

empallés : c'est l'Écorcheur qui a fait cette plaisanterie! Toussenel dit avoir vu en Algérie des

Pie-grièche écorcheur.

accacias épineux garnis de ces suppliciés. Sa passion pour les jeunes oisillons n'est pas moindre,

mais pour la satisfaire il pousse la ruse jusqu'à la fourberie : il contrefait la voix des pères et mères ; les petits, attendant la becquée, poussent leurs pépiements et se décèlent. Plus tard il les *pipe ;* c'est-à-dire qu'il imite le cri d'un oiseau pris au piège : *Kic-Kie-Kic-Kie*......!!! : les oisillons attirés par la curiosité s'approchent et tombent sous sa griffe. Là encore le prend sa manie de pendaison, car il s'empresse d'accrocher les peaux aux épines, d'où son nom très-bien trouvé d'*écorcheur* et probablement aussi, son sobriquet jurassien de *Panguillard*. Autrefois, dans cette dernière contrée où il est abondant, on lui faisait la chasse au mois d'août. J'ai voulu tenter l'aventure, mais je ne m'y suis pas retrouvé : sa chair est moins qu'agréable.

La Pie-grièche-grise et ses variétés, *la rousse, la méridionale*, etc., sont beaucoup plus rares, et je soupçonne la première surtout d'être beaucoup plus avivore qu'apivore. Toutes ne sont guère qu'erratiques et suivent la limite des grands froids ; car on en voit à peu près tout l'hiver, isolément ou par couples.

Le grand type et le plus haut titré des rapaces, l'Aigle, est sédentaire. Mais comme il faut à ces grands voraces un terrain de chasse assez étendu, le père et la mère se hâtent d'expulser de leur canton leur propre progéniture, dès qu'elle est d'âge à pourvoir à sa subsistance. C'est ainsi que chaque automne, on rencontre, même dans les plaines les plus éloignées de leur lieu d'habitat,

Faucon.

de jeunes aigles errants, à la recherche d'un nouveau domicile.

La nombreuse famille des Faucons (*Falco*), qui comprend trois groupes principaux, les *Faucons* proprement dits, les *Éperviers* et les *Buses*, est entièrement migratrice.

Les faucons et les éperviers connaissent parfaitement les bons lieux de passage : on peut
s'en fier à eux. Dès la fin de septembre, ils viennent camper en ces points : on s'en aperçoit ai-

Buses.

sément en les voyant tournoyer dans le ciel en
nombre insolite, et on peut dire alors que la
grande passe d'octobre approche. J'en ai chaque
annnée un exemple sous les yeux. Cette même
côte abrupte, où j'ai conté qu'on avait fait un si
bel abatis de geais en 1872, et qui coupe trans-

versalement la route des migrateurs du sud, est un de ces stationnements, avec bons motifs à l'appui. Les oiseaux de cette direction viennent, en effet, y buter, et trouvant là l'abri des grands bois, un sol humide et riche en insectes, une campagne voisine et plantureuse, ils s'y reposent ou escaladent lentement la pente : c'est une belle occasion pour les forbans, et ils ne la manquent point. Ce qui ne les empêche pas de piquer des pointes en plaine, pour varier leur ordinaire, regagnant chaque soir leur gîte, gorgés de nourriture et volant lourdement. J'en vis un, un jour, retournant ainsi à son perchoir habituel : un oisillon le poursuivait avec acharnement, évidemment lui demandant compte du meurtre de son fils ou de son compagnon. La vilaine bête, sans se détourner, lui allongea un coup de bec, et le pauvre hère tomba à pic d'une centaine de pieds. Que les jeunes chasseurs ne se fassent donc point faute d'occire en toute occasion ces braconniers de l'air, dont nous avons intérêt à restreindre la race. Pour les y engager, je puis leur dire, après tout, qu'un salmis d'éperviers, gras à l'automne, en vaut un autre. J'en ai quelquefois régalé des délicats qui les prenaient pour d'excellents pigeons domestiques ; à l'exemple d'un *loustic* de ma connaissance, qui fit avaler à des amateurs un pâté de corbeaux pour un fin pâté de bécasses, par quelques traîtres becs qui dépassaient `le dôme.

Hiboux.

Les rapaces nocturnes, les Hiboux et les Chouettes (*Strix*), sont bien obligés aussi de suivre les mêmes errements. Une partie des chouettes qui habitent nos fermes et nos édifices, et qui y trouvent le couvert et le vivre — car la population de nos petits rongeurs n'a pas lieu de s'engourdir ou de s'enfouir — sont devenues sédentaires; mais les autres gagnent le sud.

Les *Moyens-Ducs*, nous dit-on, accompagnent les cailles dans leur traversée de la Méditerranée; ils en sont bien capables, pour vivre à leurs dépens : il serait, en effet, illusoire de croire que ces nocturnes bêtes se contentent de rats et de souris, ils ne se privent point de menu gibier à plume et à poil; comme le prouvent leurs repaires ou les pelottes qu'ils dégorgent après la digestion; et tout aussi bien la fureur que leurs cris excitent en plein jour, même en imitation, dans le monde des oiseaux des bois. Certains amateurs ne font point fi de ce gibier, et au marché de Toulon on vend fort bien des ducs gras et plumés, de même que poulardes du Mans ou de Bresse.

Les Rapaces sont de méchantes bêtes, je n'en disconviens pas; mais que les humains ne les maudissent point trop, si ce n'est comme concurrents; car ils ont leur utilité. Ils détruisent nombre de gros insectes, nombre de rongeurs, et plus, les reptiles venimeux, la vipère en tête. Voici

comment s'y prennent pour cette dernière les faucons et les éperviers : lorsqu'ils découvrent ces

Chouette.

reptiles endormis au soleil, ils se laissent choir à
proximité et d'un vigoureux coup d'aile étourdis-

-sent la bête, après quoi ils lui fendent le crâne,
et emportent la proie.

*
* *

Voici, à leur tour, deux groupes d'une complète
utilité, les *Pics* et les *Mésanges,* qui me fournis-
sent un aphorisme sinon absolu, du moins d'une
grande vérité relative, à savoir : que la nature
nous a révélé elle-même, dans le merveilleux équilibre de ses lois, l'utilité approximative des oiseaux par la qualité de leur chair. Elle nous dit,
avec plus de certitude que Moïse dans son *Deuté-
ronome* : « *tu mangeras ceux-ci et tu épargneras
ceux-là* »; par un précepte bien simple, c'est que
les uns sont excellents, gastronomiquement parlant,
et les autres détestables. Application immédiate :
les pics et les mésanges sont immangeables, donc
ils sont utiles au premier chef.

Et de fait, les Pics sont d'infatigables éliminateurs des insectes qui rongent nos forêts dans leur
fibres mêmes ; sans cesse, ils cognent, ils sapent :
Toc toc-toc!!!...; jusqu'à ce qu'ils aient extirpé le
ver rongeur. Comme chaque chose a son revers
dans ce bas monde, les forestiers pourraient leur
reprocher de faire leur part de mauvaise besogne ;
je connais une belle allée de forêt, décorée du

nom pompeux d'*avenue du Roi de Rome*, dont les grands arbres de lisière sont perforés comme des écumoirs par ces intrépides charpentiers, pour y loger leur progéniture. C'est un bilan d'utilité et de dégâts à établir.

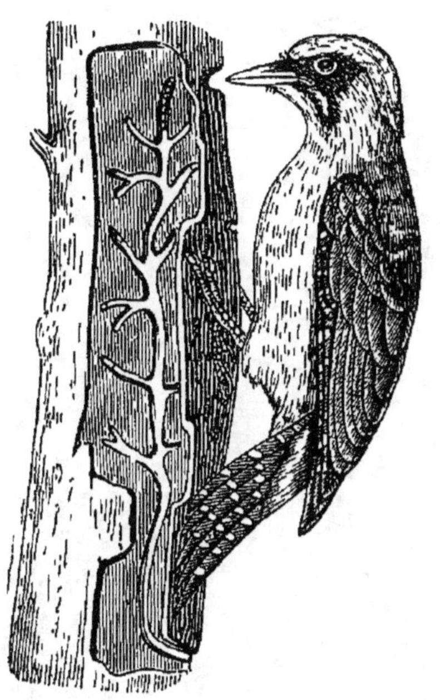

Pic.

Le Pic noir (*Picus martius*) est rare dans notre latitude ; il niche plus au Nord et, dans sa migration, va peu au loin. Il en est de même du Grimpereau de muraille (*Certhia muraria*) que nous apercevons quelques fois en octobre et en avril, inspectant les rochers et les vieilles murailles : oiseau solitaire, au plumage lugubre gris foncé

Pic noir.

ou noir cendré avec des goutelettes de sang aux ailes, au vol de papillon nocturne, que l'imagination

Grimpereau de muraille.

populaire a baptisé du nom d'*oiseau de la mort*.

Le Pic-vert (*Picus viridis*), le Pic épeiche (*Picus major*), l'Épeichette (*Picus minor*), etc., sont indigènes dans notre zone et émigrent en partie seulement. Je pourrais en dire plus long sur cette curieuse tribu ; mais je coupe au court, pour m'apesantir sur les espèces qui nous intéressent plus spécialement.

Les *Mésanges* forment une petite nation assez nombreuse en espèces, et très-abondante en sujets : mangeuses insatiables des insectes des arbres, autour de nous comme au fond des bois, toujours en mouvement, visitant, furetant partout, sous les feuilles, autour des branches ; toutes migrateurs, parce que les insectes ailés ou complets sont une part de leur nourriture et que les larves ne leur suffiraient point. Bien qu'elles aient une certaine inclination pour les graines oléagineuses et pour quelques baies, celles du sureau, par exemple, comme aussi pour la viande fraîche et la cervelle des petits oiseaux, les méchantes petites bêtes ! la nature les a marqué d'un haut titre d'utilité par deux caractères : la coriacité de leur propre chair et leur prolification qui s'élève jusqu'à dix-huit et vingt-cinq petits par nichée, et cela à plusieurs reprises dans la saison. Voyons les espèces les plus communes,

La Charbonnière compte deux variétés, la grosse (*Parus major*, on se représenterait à ce nom un gros capitaine de cavalerie) et la petite (*Parus mi-*

nor). Toutes deux sont d'excellents indicateurs du mauvais temps, et j'ai dans l'oreille, depuis mon enfance, leur satanée petite ritournelle de circonstance. Pas plus loin qu'un matin de cette

Charbonnières.

année, j'étais à travailler devant ma fenêtre, grande ouverte sur un ciel magnifique qui promettait un beau temps et de longue durée : « *Titi-tu !!!... Titi-tu !!!...* », se mit à siffler la grosse charbonnière, ma voisine. Je tressautai sur ma chaise ! « *Titi-tu !!!... Titi-tu !!!...* » : et elle avait raison ; trente-six heures après, il pleuvait en déluge. — La petite a une variante qui imite fort bien la musique d'une lime sur une scie : « *Z'raï !!!... Z'raï !!!... Z'raï !!!...* » : et ainsi de suite ; d'où le nom de *sarrayié*, serrurier, fort bien trouvé, qu'on lui donne en Provence.

L'une et l'autre nichent à peu près partout dans la zone tempérée ; mais il en vient considérablement du Nord, en septembre et octobre, par grandes volées, surtout quand le gros temps menace ou que l'époque est tardive. Elles nous reviennent de bonne heure, fin mars.

La mignonne Mésange bleue (*Parus cœruleus*) est très-commune ; mais moins abondante aux passages que les précédentes.

La Mésange a longue queue, en quelque pays *Bénédictin*, ainsi nommée de son plumage noir et blanc, est plus sauvage et habite le fond des bois ; mais très-prolifique, c'est par troupes nombreuses qu'elle passe, à en couvrir les arbres. Elle est un peu plus tardive au départ.

*
* *

Dans cette foule de migrateurs du Sud, il est difficile d'observer un ordre parfait, et j'élague, un peu pêle-mêle, les groupes secondaires, avant d'arriver à la grande migration d'octobre. Mais

voici une petite tribu de migrateurs de septembre,
et même des premiers jours, qu'il faut mettre à
sa place, les *Traquets* (*saxicola*), que l'on divise
en deux espèce : les *Traquets* proprement dits et les
Traquets-motteux.

Le TRAQUET qui donne son nom, tiré de son cri,

Mésanges bleues.

au genre, et qui n'est point *saxicola* ou habitant
des rocailles, du tout, se tient dans les buissons
et surtout dans les vignes. Là, perché sur la cime
des échalas, il se livre à une gymnastique conti-
nuelle, faisant la cabriole, voletant de droite et
de gauche pour picorer les insectes, sans cesser
de faire retentir son petit cri comique : « *Traque!
Traque ! ! !... Ouist - tra - tra ! ! !... Ouist-tra-
tra!!!... »*. C'est un charmant petit oiseau, au

plumage noir, blanc et fauve, rondelet, gai, alerte. Il émigre fort clandestinement, probablement par famille et nous revient de même en avril.

Comme je l'ai dit, et j'en demande pardon à MM. les savants, je me perds souvent dans leurs écrits relativement à nombre de petites espèces. Il m'est arrivé, il y a peu d'années, de voir un fort passage, en octobre, d'un petit oiseau ayant de grands rapports avec le traquet, comme plumage, taille, bec et pattes noirs ; un peu plus petit cependant. Il se tenait dans les haies et les buissons, vif, alerte, toujours voletant de ci de là, en haut en bas, pour gober les insectes. Je l'avais peu vu, même dans mon enfance où je faisais l'école buissonnière plus souvent que depuis, j'ignore son nom ; mais il me fait bien l'effet d'un Traquet et la syllabe bien articulée de son cris : « *Pit-pit !!!...* » : lui mériterait, à juste titre, le surnom de *Pit-pit des buissons;* d'autant mieux que je soupçonne, à son bec effilé mais robuste, qu'il ne dédaigne pas les petits fruits rouges de l'aubépine et d'autres.

Le TRAQUET MOTTEUX, le vrai *saxicola*, ressemble de fort loin au précédent ; il est plus gros, plus allongé et assez muet. Son plumage est gris cendré sur le dos, blanc sous le ventre et au croupion ; dernière particularité qui le fait appeler communément *cul blanc de taupières*. Il se tient constamment sur les rocailles des champs et des pâtures, sur les taupières et les mottes des labours, guettant, de ces éminences, les larves, les chenilles et les vers. Il devient fort gras à l'automne, et c'est alors un excellent petit gibier. Il a plusieurs variétés moins communes, dont l'une est connue sous la dénomination de *Tarier*, qui lui est quelquefois appliquée à lui-même. Il passe en grand nombre en septembre, dans certaines localités de son choix ; à mon estime sur les plateaux élevés et rocailleux ; de buttes en buttes, de mottes en mottes ; ce qui ne l'empêche pas de traverser la mer, ainsi que l'autre traquet, car on les retrouve en Afrique, et comme le prouve l'exemple du garde du Sémaphore de Toulon, qui en prenait, au retour d'avril, six cents vingt-cinq en deux jours.

*
* *

En septembre, il y a de nombreux temps d'arrêt dans les passages ; mais, dès qu'octobre approche, comme la saison s'avance et que les fraîches matinées se font sentir, c'est un défilé perpétuel, on pourrait dire de tous les jours et par tous les temps ; néanmoins, la loi du vent debout

persiste, et nous en signalerons de remarquables exemples. La nombreuse peuplade des petits
habitants des champs ouvre la marche.

Pour ma part, je ne fais point fi de ces petits
oisillons; car ils sont très-instructifs sur le sujet
qui nous occupe. En effet, ils passent en plein
jour, on pourrait dire *coram populo*, à la portée
de tout le monde, et aussi bien sur nos villes, si
elles se trouvent dans leur itinéraire, qu'en pleine
campagne, en tel nombre et si fréquemment,
qu'ils sont faciles à obsrver. Il en résulte que
souvent par eux nous pouvons conclure des
agissements des espèces plus importantes, mais
plus sauvages, dans leurs migrations soit diurnes, soit nocturnes; puis, enfin, ils sont si plaisants à voir, si gais, si alertes, que forcément ils
nous intéressent.

Lorsque le passage du becfigue commence à di-
minuer sensiblement, c'est-à-dire vers le 25 septembre, le PINSON (*Fringillus*) nous arrive. Tout le
monde connaît ce charmant hôte de nos jardins,
de nos bois, comme de nos champs; mais pullu-
lant en telle abondance dans le Nord, qu'il nous
vient à l'automne en quantité considérable: son
langage d'amour est éclatant; c'est le clairon de la
gent oviale; ses allures et sa toilette ne manquent point d'une certaine *respectabilité*, en même

temps qu'il est d'humeur allègre, si bien que la sagesse des nations lui a consacré un dicton : *gai comme pinson.*

Dès le début de septembre, les indigènes se sont

Pinson.

mis en préparatifs de voyage; ils vont, ils viennent et s'agitent : les jeunes pour achever leur développement et leur éducation; les vieux pour se mettre en bon point de migration. Ce sont les jeunes qui ouvrent le branle sous la conduite de quelques anciens; probablement parce qu'ils sont plus sensibles aux intempéries et qu'ils ont besoin d'une nourriture plus abondante. Ils n'ont pas

encore la livrée de l'âge adulte, et mâles et femelles
se confondent par leur plumage. Mais ces jeunes
étourdis sont si peu circonspects en voyage,
malgré les sages avis des pères-conscrits qui les
guident, qu'ils tombent dans tous les piéges : au
bois, l'appeau de chouette, ou simplement d'oiseau
en péril, les fait venir sur votre tête ; en plaine, le
ramage des vieux, aveuglés et mis en mue à
contre-saison, les fait se précipiter dans les nap-
pes du filet-battant. Je tiens à déclarer que, dans
ma passion d'enfance pour l'oisellerie, je n'ai
jamais commis cette barbarie préméditée d'aveu-
glage des pinsons et d'autres pour une minime
satisfaction : je me contentais de simples appelants.

Les pinsons passent par troupes, sinon pressés, du moins assez compactes, de douze, vingt,
trente individus, par vol cadencé et en répétant
souvent leurs petits « *pio-pio!!!.,..* » caractéris-
tiques, dans la matinée et un peu le soir, surtout
si le temps menace. Par le beau fixe, volontiers
ils s'arrêtent, passant d'arbre en arbre, et lorsqu'ils se posent, poussant d'énergiques : « *quin-
quin!!!....* » leur cri de ralliement.

Qu'on nous permette une observation qui s'ap-
plique à toute la migration de cette époque : dans
le bassin du Rhône (mes renseignements man-

quent pour ailleurs), il règne en ce temps, un peu plus tôt, un peu plus tard, une série de vents du sud venant directement d'Afrique, secs et chauds, souvent en brise carabinée : on dirait un reste de sirocco mitigé par la mer. C'est ce vent qui, dans le haut du bassin, fait mûrir les raisins et les fruits au point de leur donner une saveur méridionale ; et il y est si connu, qu'il a un nom, le *vent-blanc*. Depuis mon enfance, j'ai perpétuellement vu qu'il était le véhicule de tous les migrateurs réguliers du sud ; si bien qu'à certains jours, particulièrement lorsqu'il doit être suivi de gros temps, ce sont des veines, des défilés formidables de passereaux. Les petits oisillons, nos grands maîtres en fait de vol, piquent droit dans sa direction avec aisance et facilité, et cette remarque a été précisément pour moi le point de départ de la théorie du vol normal de l'oiseau à vent debout, en glissant sur la couche d'air qui le porte et qui lui laisse tous ses moyens d'action pour la propulsion.

La migration des pinsons se prolonge dans tout le mois d'octobre ; à partir du 15, ce sont les vieux qui se mettent en voyage ; mais ceux-ci sont madrés et donnent peu dans les piéges ; il n'y a plus que le cri d'appel de leurs semblables, mis en cage, qui les fasse s'arrêter. Comme la généralité des espèces qui vont suivre leur exemple, à peu près dès le début ou successivement, ils s'éparpillent dans les contrées méridionales de l'Europe, et un petit nombre seulement doit passer en Afrique : voire même, il en reste toujours quelques-uns non-seulement dans notre latitude, mais dans le Nord, où est née la charmante coutume de la *gerbe de Nöel*, placée dans les champs et destinée à donner un peu de pâture à ces pauvres sédentaires. Quant aux pinsons émigrés, ils s'empressent bien vite de nous revenir, et, à peine le premier rayon de soleil de février annonce-t-il de loin l'approche du renouveau, qu'ils nous font entendre leur joyeuse chanson.

Sous le nom de *Fringilles*, l'histoire naturelle a groupé avec sens une nombreuse tribu de granivores ayant certaines analogies de caractères et de mœurs. Le premier type est celui des pinsons proprement dits, à bec robuste à la base, mais aigu du bout et pinçant bien, comme l'indique le nom vulgaire. Indépendamment de quelques variétés, peu communes dans la zone tempérée, et dont il sera parlé dans le chapitre suivant, un des congénères les plus immédiats est le beau Pinson du Nord ou *des Ardennes*, au plumage fauve et noir. Habitant l'extrême Nord, sa migration est beaucoup plus tardive. Il n'apparaît qu'à la fin d'octobre pour prolonger son passage jusqu'en novembre, alors en vols serrés et très-nombreux. Ce qu'il y a de particulier, c'est que son cri de ralliement ressemble assez bien au miaulement d'un jeune chat : « *Miè-è-è,* » ce qui lui a fait donner dans l'Est le sobriquet de *Mianard.* Son retour est précoce aussi, mais peu apparent.

Les autres espèces sont à peu près rangées dans l'ordre suivant :

Le Gros-bec spécialement habitant des bois, où, de son bec solide et vigoureux, il se nourrit de noyaux de cerises et de graines des arbres. Il passe en septembre et octobre, par familles, et revient en avril.

Le Verdier est oiseau des plaines. Il est caractérisé par son bec trapu et solide, ainsi que par son plumage vert cendré, mêlé de jaune citron sur la tête, au poitrail et aux arêtes des ailes. Chez le mâle, ces taches jaunes sont très-vives et produisent un bel effet. Son cri ordinaire est assez monotone : « *Bru-u-u!!!....* », et son ramage de printemps est un autre *bruement* beaucoup plus sonore, terminé par deux notes douces et harmonieuses : « *Bré-é-é-é...zi-a!!!.....* » ce qui le fait appeler dans l'Est *Bruant,* nom qui me semble

beaucoup mieux lui convenir qu'au groupe qui
suivra, appelé *Bruant* par les naturalistes, je ne
sais pour quel motif, et dont il a été dit déjà quelques mots à propos de l'ortolan, qui a été forcé-

Gros becs.

ment détaché du groupe par l'époque et la particularité de sa migration. Le verdier est répandu
dans toute l'Europe; bien qu'il soit de mœurs
sauvages, de physionomie peu spirituelle, il se

prête à la captivité et s'apprivoise à merveille. Il
passe par petits groupes d'abord, et, à l'arrière-
saison, par grands vols. Il hiverne dans les contrées méridionales, et revient en mars et avril.

La Soulcie, ou *Moineau des bois*, est beaucoup
moins commune. Il m'est arrivé une seule fois
d'en prendre au filet-battant, et, à quelques kilomètres de là, dans mon pays de chasse habituel,
je n'en ai jamais vu un seul. Toussenel, dans son
pays de Lorraine, n'en a pas vu davantage.

C'est autre chose du Friquet, qu'on pourrait appeler le *Moineau des champs*, répandu partout,
je crois. Il passe durant tout le mois d'octobre et
même en novembre par petites troupes pressées,
turbulentes, piaillantes. C'était la grande récréation des oiseleurs au temps du filet-battant en
France. Si un friquet venait à se poser sur le
buisson fatal, tous se précipitaient en masse et
étaient englobés dans les pans du piége. Mais les
avoir en sa possession était autre chose : agiles
comme des anguilles et espiègles à l'avenant, ils
gillaient par les moindres issues, au besoin faisaient les morts et s'envolaient de plus belle; et,
en définitive, si on récoltait la moitié de la prise,
c'était tout. Ils vont assez loin au midi, un peu
deci delà, à leur fantaisie, et reviennent en mars.

Le Serin d'Europe, ou le charmant petit *Cini*, est l'hôte par excellence de nos jardins. Les pommiers sont ses arbres de prédilection pour la nichée. Le mâle, en belle toilette de printemps à plastron jaune tendre, papillonne à l'entour, en débitant tous les airs de sa sérinette pour charmer sa compagne. Comme d'autres oiseaux, du reste, il a une zone longitudinale : très-abondant dans le bassin du Rhône, il devient rare du côté de l'ouest, et un ornithologiste a signalé que la dernière famille se voyait à Paris dans la partie est du Jardin des Plantes : je l'y ai vue moi-même. Il en résulte qu'il est peu connu à Paris : c'est dommage, il y remplacerait avec avantage son lourdeau de congénère des îles Canaries ; car il s'apprivoise fort bien, et il est vif et coquet à voir. Il nous arrive par immenses volées du nord, en octobre ; mais il est peu curieux ou fort circonspect, et on en prend peu, quels que soient les piéges employés. Sa migration se prolonge jusqu'en Afrique, où on le retrouve. Quelques naturalistes l'ont même appelé *Cini d'Afrique ;* mais il est tout aussi bien indigène d'Europe. Il nous revient fin avril ou au commencement de mai, lorsque les fleurs éclosent : c'est le cadre nécessaire à ce mignon petit musicien de nos jardins pour lequel je conserve une vive affection d'enfance.

La Linotte, ou le *Linot*, et ses variétés, sont d'autres charmants chanteurs des champs et des vignobles qui s'acclimatent très-bien de la captivité. Réunies en famille dès la fin de l'été, gazouillant sur la cime des tiges de maïs, les linottes se groupent peu à peu en grandes bandes, composées de toutes les habitantes du canton, auxquelles viennent encore s'adjoindre les arrivantes du nord, et parcourent les plaines, d'un vol capricieux, sans se hâter d'émigrer : on les voit encore en novembre. Les naturalistes se sont creusé l'imagination pour trouver l'étymologie de leur nom, et le font provenir de la graine du lin, dont elles seraient très-avides. Elles croquent toutes les menues graines avec plaisir, ainsi que la verdure, sans parler des insectes ; et ce nom est purement imitatif de leur chant, un doux petit « *Lino!....* », suivi de quelques ritournelles. Un jour, j'avais mis, à une jeune nichée qui voltigeait en liberté dans mon logis, des branches de mélèze, comme perchoir et pour égayer leur captivité : elles n'y laissèrent pas la moindre foliole verte. J'aurais pu, alors, les appeler *Verdurettes*, si elles n'avaient pas été parfaitement baptisées. La linotte hiverne, partie dans le midi de la France et partie au delà, dans les contrées plus méridionales encore. Quoiqu'on dise, en mauvaise part, *tête de linotte*, de leur vol léger et qui paraît étourdi, elles sont futées comme de petites commères et se prennent difficilement. Elles viennent au miroir d'alouettes, mais passent rapidement, seulement pour satisfaire leur curiosité.

Chardonnerets.

, Le beau et coquet CHARDONNERET, qui gazouille aussi fort agréablement, a le bec plus allongé et plus pointu que les deux espèces précédentes, et

ce bec dénonce sa fonction d'amateur forcené
des graines du chardon. Preuve incontestable de
son utilité, c'est que sa chair est amère et coriace
plus que celle de tous les autres fringilles, et
c'est doublement dommage de détruire cette charmante petite bête. Lui aussi migre par troupes
souvent très-nombreuses en octobre.

Son voisin en espèce, le TARIN, l'extirpateur
des graines des arbres, est beaucoup plus tardif à
la migration. Enfant du Nord, il n'émigre que
lorsque le froid se fait sentir, à la fin d'octobre
ou en novembre, même assez peu régulièrement.
Il passe en grandes bandes, quelquefois fort haut
et on entend seulement ses petits « *Tulie!!!...*
Tulie!!!... »; mais il vient fort bien à l'appe-
lant. Il remonte de bonne heure.

Les naturalisres sont assez embarrassés de
loger le BOUVREUIL, (*Pyrrhula vulgaris*); mais l'ornithologie vivante n'hésite pas à le rapprocher des
Fringilles, par ses formes, son plumage et toutes
ses habitudes. Il aime peu la chaleur et niche loin
au nord, si ce n'est, dans notre latitude, sur les
montagnes ou dans les contrées à température peu
élevée, telles que la Bretagne où je l'ai vu très-
nombreux en été. Il passe en octobre par bandes;

mais ne va pas loin et on en voit rarement sur le littoral de la Méditerrannée. Il revient en Mars.

Je passe sous silence quelques autres Fringilles moins communs.

*
* *

Simultanément à ceux-ci, passent en plaine, les Bruants des naturalistes (*Emberiza*), que les oiseliers de Paris, qui ont aussi leur langage, nomment *Bréants* : de là sans doute la confusion de MM. Noël et Chapsal ; mais je n'en connais pas un seul parmi ces oiseaux qui *hennisse comme le cheval*. Ils forment une petite famille, dont nous avons déjà détaché le fameux *Ortolan* des gourmets qui migre en partie à l'Est. Les quatre espèces les plus répandues sont :

Le Bruant jaune ou des *haies*, que l'on nomme *La Verdière* dans l'Est, le type du genre, qui se distingue par le bec à mandibule inférieure évasée sur la supérieure et laissant entre celle-ci, à la base, un certain vide, et par son habitude de nicher à terre, à l'inverse des Fringilles qui nichent sur les arbres. C'est un assez bel oiseau, presque de la grosseur de l'alouette avec laquelle il se confond souvent dans les brochettes des rotisseurs de Paris, fauve strié de noir sur le dos,

à plastron et à calotte jaune éclatant chez le mâle ;
mais très-farouche. Son ramage de printemps,
qu'il fait entendre du haut des grands arbres,
est triste : « *Dine-Dine-Dine-Dine....Die-e-e...!!!* » ;

Ortolan de roseaux.

et son cri d'appel, une façon de « *strelitz* » sec
qui, je crois, est l'origine de son nom allemand. Il
vient assez volontiers au miroir. Il commence à
passer en septembre isolément ou par petits groupes, et ensuite, surtout à l'arrière-saison, en bandes nombreuses. Dès la fin de mars on entend son
chant de retour.

Le BRUANT ZIZI, ainsi nommé de son cri d'appel,

est un peu plus sauvage et moins nombreux que le précédent.

Le Proyer, ami des grandes plaines, comme la Champagne, et des vignobles.

Le Bruant ou l'*Ortolan des roseaux* qui passe en octobre, mais qui est assez difficile à observer.

*
* *

Il faut parler maintenant, pour épuiser la longue série des oiselets, d'un groupe de petits oiseaux des bois, presque tous migrateurs d'octobre et, pour la plupart, charmants petits êtres ailés et des plus plaisants par leur chant varié et agréablement modulé. C'est la jolie tribu des becs fins ou des Fauvettes (*sylvia*, un des rares noms bien réussis de la classification scientifique.)

Nous en avons déjà détaché le *maëstro soprano* par excellence, le *Rossignol*, que l'on fait généralement migrer à l'Est : je ne voudrais point le certifier, tant cette marche est peu semblable à celle de tous les autres membres de la famille qui se répandent plus ou moins en chemin en allant au Midi et dont un certain nombre passe en Afrique.

La Fauvette a tête noire (*sylvia atricapilla*), ainsi que la Grise (*sylvia orphea*), habitantes de nos jardins, ne tardent pas à le suivre ; cependant, elles ne sont pas aussi ponctuelles au départ, et, selon la saison, attendent volontiers la maturité des baies de sureau dont elles sont très-friandes. Leur voyage est tout à fait *incognito*, elles apparaissent et disparaissent comme le précédent, et leur marche est difficile à observer; mais on les retrouve en Afrique où un de mes amis, grand observateur des oiseaux, m'atteste y avoir entendu chanter la Fauvette à tête noire, en hiver. Et tous nous avons trop présentes à l'esprit les notes mélodieuses de ce chant pour que nous puissions nous y tromper. Je connais, de par ce monde, un hémicycle de grands rochers et de pentes de bois qu'arrose une belle source des plus pittoresques : charmante solitude qu'affectionne une fauvette, sa voix y résonne et y prend une ampleur que je ne retrouve nulle part ailleurs. Guidé par l'exemple, aux jours où j'habitais le voisinage, j'y amenais une jeune amie, douée, elle aussi, d'une voix merveilleuse : elle aimait à nous y chanter une romance d'alors et bien de circonstance :

O fauvette,
Joliette,
Reine de nos buissons,
Redis-moi tes chansons,
Sous l'ombrage,
Du bocage,
Oiseau, donne-moi tes leçons !
Oiseau, apprends-moi tes chansons !....

L'écho reprenait le chant dans une octave supérieure et avec une suavité de sons à ravir les archanges. C'était un concert, un opéra sur nature, et quel décor !... Je ne puis plus passer dans ce lieu sans que cette voix angélesque me chante encore à l'oreille.

La Fauvette babillarde (*sylvia garula*), qui constamment babille dans les haies et les buissons, a des habitudes semblables de migration.

Je passe sous silence de nombreux sujets de cette famille des Fauvettes proprement dites, moins communs, plus ou moins hâtifs et dont quelques-uns même, comme le petit Pouillot, attendent la venue des froids pour gagner de plus chaudes contrées.

Le beau Rossignol de muraille, (*sylvia phœnicurus*), qui habite le toït de nos demeures et de nos édifices, passe en septembre et quelque peu en octobre pour nous revenir en avril.

La Fauvette rouge-queue ou la *Queue-Rousse* (*sylvia tythis*), passe davantage en octobre.

Le charmant Rouge-gorge (*sylvia rubecula*) s'attarde volontiers en chemin, attendant la maturité des baies des buissons et des raisins des vignes dont il est très-amateur. La saison des pluies au-

J'y amenai une jeune amie. (Page 217.)

tomnales est son temps de prédilection pour se mettre en voyage, parce qu'elle lui prépare une ample pâture de vermisseaux. Malheureusement pour lui, cette abondante provende le transforme en véritable pelotte de graisse et il fait alors de délicieuses brochettes. Il émigre sans se presser, de buissons en buissons, hochant la queue et répétant ses joyeux « *Tit-ri-ti* ». Il s'arrête un peu partout, se rapprochant de nos maisons, des bois ou des champs pour y trouver un abri et quelque nourriture, et ne s'en va pas loin, pour revenir dès le mois de février. C'est l'oiseau des légendes des charbonniers et des bûcherons ; chaque forêt a la sienne. Dans mon enfance, on me contait qu'il ensevelissait, en les couvrant de feuilles mortes, les pauvres égarés morts de fatigue ou de froid. C'est beaucoup de sentimentalité ; mais je soupçonne que l'intérêt personnel y entre pour quelque chose. Il sait, le petit rusé, que sous ces feuilles naîtront des myriades de larves et qu'il y aura grande picorée pour lui et les siens. C'est moins poétique!

Les mignons petits Roitelets (*sylvia régulus*), passent pendant tout l'automne et même l'hiver en se pendant aux arbres pour les débarrasser de leur vermine et en poussant de petits « *zi-zi-zi* » lorsque la proie est abondante. Et j'en passe nombre d'autres de cette grande tribu des becs fins des bois et des buissons.

Roitelets

Mais voici une autre et intéressante famille dont quelques-uns des membres ont le double attrait

gastronomique d'un certain volume et d'une esculence de chair qui ne le cède qu'à peu de gibier ;
ils sont, en plus, des maîtres chanteurs par excel
lence: ce sont les *Grives.*

Avant d'en parler, néanmoins, il faut placer ici

La Grive.

un de leurs voisins en espèce et le dernier oiseau
avec lequel nous soyons en retard, car sa migration est précoce, c'est le LORIOT (*Orialus galbula*),
au beau plumage et aux mœurs curieuses, mais
difficile à classer parmi nos oiseaux d'Europe,
tant il est exotique parmi tous : lorsqu'il passe
comme un trait dans la verdure des bois, d'un vol

droit et rapide, il ressemble à un rayon de soleil par son corsage d'un jaune éclatant ; son nid, savamment construit, a l'air d'une callebasse suspendue à l'extrémité de la branche qu'il a choisie. Comme les grives, il élit domicile dans les bois humides et tranquilles où il pourra picorer en paix les insectes du sol, sa pâture de fondation ; mais il doit peu s'aventurer au nord de notre latitude, de même qu'il n'a pas une prédilection pour les grandes altitudes. Il nous arrive en mai, lorsqu'il fait chaud et que les arbres sont revêtus de leur frondaison ; on le voit peu au passage, seulement il a soin de nous signaler son arrivée par les trois notes sonores de son chant de printemps, dont son nom de *Loriot* est une pâle imitation ; il y a du soleil jusque dans la voix de cet oiseau des tropiques égaré dans notre région. Ce n'est que lorsque les cerises sont mûres qu'il perd de sa sauvagerie ; mais, alors, pris par son faible, il vient jusque dans nos jardins gruger les baies rouges et affriolantes, amenant avec lui toute sa progéniture à la picorée, et il s'en donne et il s'en gave.

La saison de ce fruit étant passée, le loriot songe au départ : les plus pressés de l'espèce se mettent en route vers le 15 août, les plus tardifs au commencement de septembre. Ils ont perdu alors leur belle voix de printemps et passent silencieusement

par petits groupes de famille. Ils trouvent dans le
Midi les fruits du mûrier et recommencent leurs
picorées. En Italie, et dans les contrées les plus
méridionales, ce sont les figues, et ils s'y en-
graissent à doubler de volume, au dire d'un
correspondant ; c'est alors un bon manger. De là
ils vont en Afrique et probablement poussent jusqu'aux tropiques, leur véritable patrie ; mais ils
passent si peu de temps parmi nous, pas plus de
trois mois, qu'on s'est demandé ce qu'ils faisaient
tout le reste de l'année : on n'a pas encore pu le
savoir.

Les contes bleus n'ont point manqué sur ce bel
oiseau. En voyant ses petits horriblement contre-
faits de nature, la tête grosse, l'ossature saillante,
on a dit qu'ils naissaient par briques et mor-
ceaux que les parents recollaient avec une herbe
spéciale. Voilà un genre de procréation qui ne
ferait pas honneur à la nature.

La Grive (*Turdus*) est une de mes amies d'enfance, et on me permettra de m'étendre plus longuement à son sujet. Elle comprend quatre espèces
parfaitement déterminées, plus les *Merles* qui
forment une famille dans le genre.

La première en date de migration est la Grive
commune, la *Grive de vigne*, si l'on veut (*Turdus*

musicus, la *Tourde* en provençal), qui niche en France dans tous les bois frais ou élevés à partir de la latitude moyenne, particulièrement à l'est où elle est très-abondante et où elle se multiplie encore par plusieurs nichées successives. Les grives commencent d'abord leur migration en altitude des montagnes dans les bois inférieurs, lorsque les matinées fraîches commencent à venir; puis le gros de l'espèce se met en route à l'époque où, dans notre zone d'observation, les baies des bois et des buissons, ainsi que les raisins des vignes, entrent en maturité, car elles ont une passion pour tous ces fruits, de même que pour les cerises, qu'elles ajoutent aux vers, aux petits escargots et aux insectes terrestres, leur régime habituel en été. C'est, par conséquent, vers les premiers jours d'octobre que commence réellement leur migration, et le plein du passage a lieu généralement la semaine de la pleine lune de ce mois pour se terminer aux derniers jours. Elles passent par grands vols épars. La nuit, lorsque les courses matinales de la chasse font sortir les Nemrod avant l'aube, ils les entendent passer à leurs « *T"sic* » stridents; mais non sans qu'elles fassent de nombreuses stations dans les buissons les mieux garnis en petits fruits ou mieux encore dans les vignes, pour peu que la saison leur soit favorable et

qu'elles n'aient point à redouter les gros temps ou
les rafales du nord-ouest ; autrement toutes dé-
campent en une nuit. Dans le bassin du Rhône,
qui forme comme un long vignoble de son sommet
à la mer, la veine de migration est considérable.
Dans le Jura, par exemple, où la vendange est très-
tardive, les grives trouvent à leur arrivée les raisins en maturité et tous encore pendants aux ceps ;
elles s'en donnent à cœur-joie. Or, un rôti de belles
tourdes, blanches de graisse et onctueuses de raisin, est une des friandises de l'automne, et les
habitants du pays, qui en ont une passion, font
une terrible guerre à ce fin gibier. Il a coutume
de passer la journée aux vignes, et le soir, au soleil couchant, de regagner les grands bois pour la
nuitée ; c'est l'instant le plus favorable. Sur le
territoire de la ville d'Arbois, renommé par ses
vins et qui pourrait l'être pour ses grives, cette
chasse est nationale ; on n'y manquerait point à
l'époque voulue. Une côte, couronnée par une
grande forêt, est la remise privilégiée de la nuit ;
les grives y *remontent* en quantité, et tout du
long du plateau sont échelonnés les chasseurs
qui les reçoivent par une fusillade des mieux
nourries dans les bons jours de passage ; au-dessous d'eux s'étendent de petits bois aménagés
tout exprès et tendus soit de *collets en perche*,

soit de *pantières* ou *pantennes*, grands filets tendus verticalement et aujourd'hui perfectionnés, c'est-à-dire faits à tramail, dans lesquels les grives s'emboursent successivement jusqu'à la fin de la *passe*. La chasse au fusil est quelque peu anodine, car la grive a le vol tellement rapide que c'est un tir difficile, mais avec la pantenne à tramail surtout on fait de fort belles *razzia*.

Les grives, de stations en stations, arrivent dans le Midi à la fin d'octobre et au commencement de novembre, déjà fort bien lestées en esculence, et trouvent là une nouvelle victuaille : nouvelles séances d'engraissement qui donnent la *grive aux olives*, deuxième édition revue et perfectionnée. Les Provençaux, qui n'en sont pas moins friands, comme de toutes les proies possibles, du reste, leur tendent d'autres embûches. Chez eux, c'est *la chasse au poste à feu*, composée de quelques arbres verts, surmontés de *cimeaux* ou branches sèches pour perchoir, au pied desquels on place des appelants en cage ; par les meurtrières d'un cabanon, toutes les malheureuses qui ont le travers de se laisser séduire et de se percher sont traîtreusement fusillées. On en fait encore ainsi de fort belles hécatombes. Au temps où j'habitai la Provence, un pâtissier d'Aix s'était fait une réputation par ses merveilleux pâtés de tourdes, qu'il ornait d'une belle citation latine de je ne sais quel auteur, pour prouver leur antique valeur gastronomique ; car, dans l'ancienne Rome, les Apicius, les Lucullus et autres fameux gourmets de ce temps, prisaient tellement les grives qu'on les engraissait à leur usage, comme encore de nos jours les ortolans, et en si grande quantité, que le *guano* ou la fiente constituait une branche de commerce et était vendu à haut prix aux horticulteurs. Des régions méridionales où elles se disséminent en partie, les grives passent en Afrique, soit directement, leur vol rapide et soutenu leur en donne toute facilité, soit en suivant les contrées les plus avancées dans cette direction.

On a agité aussi, à leur sujet, la question de savoir si, avec cette grande propension pour les fruits, elles ne suivaient point les récoltes, c'est-à-dire si, après être descendues au midi à la recherche des primeurs, elles ne remontaient point au nord en suivant les maturités successives, pour reprendre ensuite leur réelle direction du sud. J'ai été témoin d'un fait qui me l'aurait donné à penser.

Étant en stationnement, au mois de juillet, dans les grandes forêts de sapins du haut Jura, lieu de reproduction par excellence, j'y voyais sur les lisières des nuées de grives et de *grivets* pâturant dans les prés ou venant se désaltérer aux abreuvoirs, et je m'étais bien promis d'en venir faire quelques massacres, une fois là chasse ouverte. Aux premiers jours de septembre, toutes avaient disparu, probablement contrariées par les fraîches nuits, précoces dans ces parages. Où étaient-elles allées, car dans les bois inférieurs, elles n'étaient pas plus en abondance que de coutume?... Je ne sais. — Mais il est de vieille expérience, dans notre pays, qu'elles n'arrivent dans le vignoble que tout à fait maigres, et qu'il leur faut un certain temps de séjour pour se mettre en embonpoint. Puis, nous les voyons arriver, c'est-à-dire s'arrêter d'abord sur les bords des bois de la direction du nord, et, de là, plonger dans les vignes. A l'inverse, elles parviennent, en novembre, sur le littoral, en fort bel état d'engraissement et ne font que s'y compléter. Je ne puis donc admettre la remontée au nord, spéciale jusqu'ici, paraît-il, aux martinets et aux hirondelles, que lorsque des faits positifs viendront à la démontrer,

Après leur longue mais rapide pérégrination, les grives communes ont hâte de nous revenir, et dès la fin de février ce sont, avec leurs sœurs les *Mauvis* et leurs frères les *Merles*, les chanteurs et les enchanteurs de nos bois, comme il a été dit dans un précédent chapitre. En mars, on voit déjà l'ébauche des premiers nids de celles qui se sont cantonnées dans nos parages ; les autres poursuivent leur route fort loin dans le Nord. Il manque encore à l'histoire naturelle de pouvoir préciser les points extrêmes de la migration des espèces, aussi bien dans la direction de l'équateur que dans celle du pôle, mais cela viendra peu à peu.

Quoique j'aurais pu en dire davantage sur cet intéressant oiseau, la véritable grive de l'Europe centrale, cette notice abrégera d'autant celle des espèces qui vont suivre.

La Grive mauvis (*Turdus iliacus*) ou *Grive du Nord* et plus mal dénommée *Grive de montagne* ; car elle ne niche que fort au nord de notre latitude ; l'est encore plus mal par son nom scientifique d'*iliacus* ou d'*ileosus* qui veut dire vomisseur, dégorgeur, comme si elle avait la faculté, à l'instar d'autres oiseaux dont nous avons parlé, de dégorger les parties indigestes de ses aliments, ce dont, à ma connaissance, aucun auteur ne parle. Cependant elle est facile à caractériser par ailleurs : plumage identique, taille moindre et plus amincie que la précédente espèce ; signes particuliers, large tache rousse à l'aisselle, cri de rappel plus prolongé : « *zie-e-e* », qui lui fait donner en Provence le surnom de *Siblaïré*, grive siffleuse. On dit encore qu'elle passe en plein jour par volées compactes, et que sa chair est plus exquise. Quant à moi, je l'ai toujours vue suivre les mêmes errements de migration que la tourde, avec cette seule différence que, plus tardive et beaucoup moins nombreuse, elle commence à passer lorsque l'autre achève son évolution, et comme elle séjourne peu, on n'a guère le temps de s'apercevoir de la différence comme gibier.

La Draine (*Turdus viscivorus*), ou *Grosse Grive*, passe aux derniers jours d'octobre et aux premiers de décembre, isolément ou par petits groupes : c'est le signal de la fin du passage des deux espèces précédentes. Celle-ci niche partout, depuis les contrées méridionales, mais de préférence dans les bois élevés. Comme elle se nourrit spécialement à l'arrière-saison de baies amères de sorbes ou de gui, sa chair est tout à fait maussade. Retour également dès la fin de février.

Le Litorne (*Turdus pilaris*), vulgairement *Tiatia*, ou *Chia-chia*, de son cri habituel au passage d'automne, et *Chinche* dans l'est. C'est le plus bel oiseau de l'espèce, de taille un peu supérieure à la tourde et de plumage plus coloré, avec de belles taches fauves et blanches au plastron. Elle ne nous arrive qu'aux derniers jours qui précèdent les frimas, par vols serrés et de plein jour, recherchant les sources chaudes dans les prairies, là où la neige n'a pu prendre pied, pour y picorer les vers et les larves. Elle engraisse néanmoins à ce pauvre régime, et j'ai d'elle un bon souvenir. Un jour, un triste hôte de passage aussi, la *grippe*, avait fait station chez moi, me condamnant à la tisane pour toute réfection. Une bonne âme eut l'ingénieuse pensée de m'apporter un belle litorne, blanche de graisse. La grippe recula d'effroi à sa vue, et moi je ressentis se réveiller mes papilles dégustatives. La grande affaire était de la faire cuire promptement et convenablement à mon appétit; la casserole me paraissait peu plaisante, le tourne-broche prétentieux pour cette seule bestiole. J'y remédiai avec mes instincts d'homme des bois. De mon tisonnier je l'embrochai par le travers et la présentai à un foyer ardent, sans oublier une belle tartine en dessous. Ce fut fait en un tour de main. Sel et poivre, puis quelques verres de haut Arbois, stimulant et généreux : le tout passa comme une lettre à la poste, et oncques ne revit la grippe. Je lègue la recette à l'Académie de médecine.

La litorne s'arrête à la limite des grands froids et apparaît rarement sur le littoral. Elle nous re-

vient de très-bonne heure, et son passage de printemps, moins nombreux et plus rapide, est peu
observé.

⁎
⁎ ⁎

La famille des *Merles* compte, de son côté, cinq
variétés, dont la plus nombreuse, bien qu'elle le
soit beaucoup moins que la grive commune, est
celle du MERLE A BEC JAUNE (*Turdus merula*), au beau
plumage noir de jais, chez le mâle adulte; brun
roussâtre, chez la femelle et les jeunes. Comme
mœurs et comme époque de mise en route à ses
deux migrations, il se rapproche de la grive commune; mais il a l'aile plus lourde et s'attarde bien
davantage en chemin, *caquetant* dans les cépées
et les buissons. Quelques-uns même commencent
à hiverner dans notre latitude, et de plus en plus
en allant au sud. Mais ils subissent en chemin la
loi commune de l'embonpoint, à la plantureuse
pâture de l'automne, et, bien qu'ils ne valent pas
cher encore dans l'Est, selon l'adage : *Faute de
grives, on mange des merles ;* j'en ai tué dans les
gorges du Var, qui, par la délicatesse de leur
chair, équivalaient à nos bonnes grives de vignes.
De là, ils poussent plus avant dans les contrées
méridionales et dans les îles de la Méditerranée,
particulièrement en Corse, où les *maquis*, jeunes
bois drus et touffus, périodiquement brûlés pour

être mis en culture, sont parfaitement à leur convenance. Ils y trouvent, comme pâture, à la fin de
l'hiver, le fruit savoureux de l'arbousier, dont ils
se gavent, plus la baie du myrthe qui les parfu-
ment en quintescence; ce sont alors les *Merles*

Le Merle.

de Corse, qu'on réexpédie, par petites barriques
et à haut prix, aux gourmets de l'Europe.

Dans nos bois, ils font concurrence de chant, à
leur retour, avec les tourdes et les mauvis ; mais
eux, comme les beaux ramiers, bien farouches
cependant, ne dédaignent point les jardins de Pa-

ris. Ils y trouvent de frais bosquets, de vertes pelouses, une sécurité complète, au milieu d'une population bien active, c'est vrai, mais plus policée et aimant les oiseaux pour leurs propres char-

Le Merle à collier.

mes. Ils s'y plaisent, ils y chantent, ils y nichent; preuve certaine, comme dirait Toussenel, que nombre d'autres espèces se rallieraient également à nous, si nous savions leur donner un asile convenable et une protection efficace.

Les quatre autres espèces de merles sont peu communes; c'est dommage, car ce sont tous de beaux et agréables oiseaux; d'autre part, leur migration est des plus fantaisistes. C'est en premier lieu le beau MERLE A PLASTRON OU A COLLIER (*Turdus torquatus*), le plus gros des merles, dont quelques couples nichent un peu partout dans le pourtour des Alpes. Son passage est très-accidentel. Comme beaucoup d'oiseaux, même le corbeau, il est sujet à l'albinisme ; c'est alors le *Châtre* de Provence, ou le *Merle blanc*, dont Alexandre Dumas a fait une façon de mythe, mais qui existe bien réellement.

Le MERLE BLEU (*Turnus cyaneus*), c'est-à-dire à plumage gris ardoise, et qui n'est pas non plus un mythe, est le plus petit et le plus rare encore à la migration. Il paraît originaire du versant oriental des Alpes.

Enfin, le MERLE DE ROCHE, *passeret solitaire* en quelques contrées (*Turdus saxatilis*), devient de moins en moins commun dans notre zone. Il est plus abondant dans la haute Italie. C'est un oiseau au charmant ramage qui se plaît dans les ruines.

*
* *

En ornithologie vivante et parmi nos espèces d'Europe, on peut sans crainte faire suivre le groupe des grives et des merles, que nous avons fait débuter par le type ambigu du loriot, du type également très-transitoire des ÉTOURNEAUX (*Sturnus vulgaris*), que les naturalistes savants logent dans une catégorie à part. Il s'en rapproche par la forme, par les grivelures du plumage, par sa passion pour les raisins, par son gazouillement perpétuel qui voudrait être un chant, et qui lui a

Étourneau.

fait donner le surnom de *Sansonnet*. Il s'en distingue en ce qu'il est oiseau des plaines et des prairies humides et non pas des bois. Il est bien nommé, ou plutôt le qualificatif humain tiré de son nom est bien appliqué, car ses allures et son vol sont si fantasques, qu'il faut une longue observation pour connaître sa marche de migration. Aussitôt le temps de la nichée accompli, il vit par

famille et commence ses courses vagabondes ; son
vol rapide et puissant lui en donne la faculté. Au
temps où j'habitais l'extrémité de ma vallée, j'en-
tendais chaque matin, aux premières lueurs du
jour, passer comme un coup de vent devant ma
fenêtre : « *Frrrrr!!!* » — Certain matin que j'étais
debout plutôt que de coutume, je vis ce que c'é-
tait : une famille d'étourneaux, ayant son gîte sur
la montagne, se précipitait chaque jour dans la
plaine pour pâturer, revenant le soir à son can-
tonnement. — Peu à peu, les familles d'un canton
se rejoignent, puis les bandes d'arrivants du nord
se réunissent à elles, et en octobre on en voit de
véritables nuées, d'un kilomètre de long parfois,
évoluant et fluctuant dans l'atmosphère comme
une banderolle d'étoffe emportée par le vent. C'est
alors qu'ils sont dangereux pour les vignes, car si
une ou plusieurs de ces troupes immenses se mettent dans un vignoble, elles ont bientôt fait de le
vendanger. Mais cette coutume est encore soumise à
leur caprice, car elle n'est pas constante ; c'est
probablement lorsque leur pâture d'arrière-saison, les sauterelles et autres bestioles, larves et
limaces, n'est pas suffisante dans les prairies, et
ils rachètent ce défaut d'aimer le jus du raisin,
par une grande utilité. C'est alors aussi, qu'ils
prennent leur vol en tourbillon dont il a été déjà

parlé : ce qui porte à penser qu'à côté de la question de sécurité qui a été dite se place la condition de leur vol spécial dans les grandes agglomérations. Du reste, leur instinct de sociabilité est si développé à cette époque, que lorsque quelques-uns d'entre eux sont isolés, ils se joignent à tous les oiseaux qui volent en troupes, alouettes, vanneaux, corbeaux et petits passereaux. Une partie erre ainsi, de plaines en plaines, jusqu'en hiver, en suivant la limite des grands froids, là où la gelée ou la neige ne leur coupe pas les vivres. D'autres poursuivent leur vol, passent en Afrique, où ils sont répandus en deçà et au delà de l'Équateur. On dit même qu'ils poursuivent leurs courses vagabondes jusqu'en Australie, pays où ils ne sont point indigènes et où, néanmoins, ils apparaissent parfois en grandes bandes.

Au retour du printemps, ou mieux de la fin de l'hiver, ils sont aussi fantaisistes, et remontent aussitôt qu'ils préjugent que la saison rigoureuse est passée, c'est-à-dire que le sol mou et humide leur permettra de picorer. Le 6 janvier 1874, je voyais passer au-dessus de Paris un vol immense d'étourneaux, allant droit au nord. J'en augurai une fin d'hiver complétement tiède, et le pronostic eut raison, au détriment de beaucoup de vignobles où les gelées printanières furent désastreuses, après cette fin d'hiver trop bénigne. Et ce n'est pas la seule preuve de sagacité dans la prévision du temps que m'aient donné les étourneaux, tout *étourneaux* qu'ils soient. Un certain soir d'automne, par une saison des plus variables, et dont je désirais très-fort la fin pour mon propre compte, je vis passer, comme un trait, un vol de ces oiseaux qui regagnaient la montagne à tire-d'aile : dans la nuit, il pleuvait à verse, et, le lendemain, la plaine était inondée, détrempée ; les étourneaux étaient allés se remiser au sec. A quelques jours de là, je vis le même vol, exécutant la même manœuvre ; je le fis remarquer à un touriste qui projetait de se mettre en route le lendemain : il ne voulut pas s'en rapporter à leur conseil, et mal lui en prit.

Les étourneaux remontent au Nord ; mais pas tellement loin, paraît-il, qu'ils puissent passer d'Europe en Amérique, car ils ne sont représentés sur ce dernier continent que par des variétés fort différentes.

*
* *

Abordons maintenant le groupe des alouettes, dont le nom seul éveille d'agréables souvenirs, et qui est fort instructif au point de vue de la migration.

Pour l'ornithologiste des champs, l'alouette, par ses mœurs, son habitat et son genre de nourriture, est le plus petit de nos gallinacées ; mais un type ambigu, par son vol élevé en plein jour et par son chant. Ces deux facultés sont trop bien peintes par

Alouettes.

quelques vers cités par Toussenel, dans le *Monde des Oiseaux*, pour qu'on n'ait plaisir à les rappeler :

> La gentille alouette avec son tirelire,
> Tirelire, relire et tirelant, tire
> Vers la voûte des cieux ; puis son vol en ce lieu
> Vire et semble nous dire : adieu, adieu, adieu !...

C'est de l'alouette commune (*Alanda arvensis*), le type de l'espèce, dont il est question, et c'est par elle que nous commencerons.

Cette petite personne si coquette tient peu à se déranger; mais elle n'aime pas le froid, et si on l'assurait qu'elle n'aura pas les pattes gelées, elle resterait volontiers parmi nous. Les plus frileuses prennent les devants à la mi-octobre; les autres stationnent dans nos grandes plaines, beaucoup y demeurent jusqu'aux véritables gelées ou plutôt jusqu'à la neige, qui a le grave tort de les condamner au jeûne. Aussi la bourrasque hivernale s'annonce-t-elle à ces fins météorologistes, toutes celles qui restent partent à l'unisson. Un certain jour de chasse au chevreuil, par un magnifique soleil de novembre, j'en ai vu passer une véritable nuée qui ne désapondit point depuis neuf heures du matin jusqu'à trois heures après midi : elles passaient dare-dare à cent pieds de hauteur, et toutes les séductions du miroir eussent été sans attraits pour elles. Dès le soir, j'en eus l'explication : le vent sauta du sud au nord-ouest, en pleine rafale, et le lendemain, une épaisse couche de neige nous annonça que le bonhomme Frimas était venu. Que de fois, en plein Paris, en voyant passer de grands vols d'alouettes vers le soir, j'ai averti les dames de préparer leurs manteaux et leurs fourrures.

Elles vont ainsi jusqu'à ce qu'elles trouvent un climat plus clément. D'aucunes hivernent dans le midi de la France, beaucoup en Italie, en Espagne, etc. ; mais le plus grand nombre passe en Afrique, le chauffoir général de la gent aviale.

Excellent et abondant petit gibier, comme on sait ; on lui fait une chasse infernale, aux filets, aux collets, au fusil, Celle-ci est bien la moins destructive, mais non pas la moins agréable. Au matin, on plante son miroir en un pré, on s'assoie à quelque distance, un aide tire la ficelle, et, pour peu que le temps soit propice et la chance heureuse, on commence une fusillade nourrie. Cette chasse est souvent le prétexte de charmantes parties de campagne ; voici la description d'une de ces scènes qui fut plus pittoresque que productive.

« Généralement les dames raffolent de la chasse aux alouettes, soit modestement pour tourner le miroir, soit pour faire, elles aussi, le coup de fusil, et, vives et alertes de leur nature, elles y réussissent très-bien. Pas de longues marches et contre-marches, un gai soleil qui met l'esprit en joie ; peut-être ce mot de *miroir* les charme-t-il aussi ; en fin de compte, ce sont les derniers beaux jours et il faut se hâter d'en profiter.

« Si bel et si bien qu'il n'y a qu'un mot à dire : « *On va demain aux alouettes* » ; et aussitôt toutes les jeunes et jolies ladies se mettent en émoi : on va, on vient, et on entasse dans les paniers provi-

sions sur provisions, comme pour un campement
de six mois ou une noce de Pantagruel. — Précaution fort sage : faites au préalable une bonne réserve d'alouettes, plumées, bardées, prêtes à mettre à la broche : de cette façon, vous serez sûres
qu'elles ne manqueront pas à la fête.

« Les messieurs prennent, dès l'aube, les devants. Les dames se mettent en route plus tard,
lorsqu'elles ont entr'ouvert la paupière, fait un
brin de toilette de circonstance, et que la rosée
matinale ne courra plus risque de mouiller la se-
melle de leurs chaussures.

« Telle est la scène qui se préparait sur nos côtes,
par un temps magnifique, certain matin de fin octobre.

« Tout alla bien au début, et nous espérions
bonne chance ; mais lorsque la voiture des dames
émergea sur le plateau, un triste brouillard de la
plaine, qui tous les jours précédents s'était tenu
discrètement an pied des rampes, jugea à propos,
pour leur faire niche, sans doute, de monter tout
doucettement et de s'étendre de son long sur les
pelouses. Un instant après, éclipse totale de soleil à
ne pas se voir à dix pas ; réintégration des miroirs
dans les sacs, et déconvenue générale. — Que
faire?,.. Contre mauvaise fortune bon cœur ! c'é-
tait le plus sage. — Aussi bien la misère n'était

pas dans le camp, et nous procédâmes incontinent au second acte, puisque le premier était manqué, c'est-à-dire aux après du festin.

« Tous les hommes, transformés en bûcherons, récoltèrent le bois sec des haies et des buissons, et, en un clin-d'œil, un immense foyer s'éleva tout à fait à propos pour rassénérer quelques minois chiffonnés par le froid. Une somptueuse broche d'alouettes, venues comme vous savez, se mit à tourner à la flamme. Le plus jeune de la bande, muni d'une cuiller à pot emmanchée d'une gaule, eut l'importante mission de les arroser méthodiquement. A quelques pas, la nappe s'étendit sur le gazon et se couvrit de pâtés, de volailles, de salaisons de haut goût, de gâteaux et de friandises; le tout flanqué de dives bouteilles dont nous humâmes bien quelques coups par avance, pour chasser l'humide radical. Tout à l'entour, des coussins et des bottes de paille.

« Comme silhouette pittoresque, le vénérable d'entre nous, un octogénaire blanchi sous le harnais de saint Hubert, heureux de se retrouver sur le théâtre de ses anciens exploits, profitait de l'occasion et chassait quand même. Assis sur son pliant comme sur une chaise curule, le fusil en arrêt et l'œil au guet, il attendait avec toute l'illusion du jeune âge. D'autorité, une de ses brus ou

Le plus jeune de la bande......(Page 248)

son petit-fils étaient condamnés à tirer la ficelle.
— « *Ça va venir ! ça va venir !* » disait-il toujours:
— Va-t-en voir s'ils viennent, Jean ! C'était le brouillard qui venait... de plus en plus épais. — Bien à
regret, il lui fallut se rendre à l'évidence et prési-
der au banquet.

« *Bone Deus !* Quelle noce ! — Raconter tous les
beaux coups de fourchette qui se donnèrent serait
une entreprise homérique ; j'y renonce. Mais dire
qu'aucune de ces dames n'eut une aigrette à son
toquet, que tous ces messieurs eurent la langue
aussi déliée que ces dames, serait s'aventurer. Le
brouillard est si traître !

« Le tableau final compléta la fête. Les bestiaux
étaient à la pâture, comme de coutume. Par l'odeur
alléchés, sans doute, ils s'approchèrent pas à pas et,
au dessert, un cercle de bêtes à cornes, braquant
sur nous leurs gros yeux ébahis, formait galerie.
Hilarité sur toute la ligne ! — Quelques croûtes de
pain saupoudrées de sel les firent participer à la
fête. C'est si facile de faire le bonheur d'autrui,
lorsqu'on ne manque de rien ! Un loustic, au cœur
plus ému et plus compatissant, voulut même leur
offrir son verre ; mais il reçut une belle leçon de
tempérance de ces bêtes : toutes refusèrent à la
ronde. Une rasade au berger n'eut pas le même
sort.

« A peine levions-nous l'ancre, affreux guignon !
que le brouillard redescendait comme il était
venu, et que le soleil resplendissait de toutes ses
escarboucles. C'était une revanche à prendre. »

L'attrait de l'alouette pour l'instrument que
nous appelons *miroir*, parce qu'il est pour l'ordinaire parsemé de petites glaces, attrait qui va jusqu'à la fascination, elle se précipite dessus, volti-
geant au plus près, en extase, et faisant le *Saint-
Esprit*, selon l'expression consacrée, a mis fort en
éveil les imaginations. On a dit, pendant longtemps,
prenant le mot au pied de la lettre, que l'alouette
venait coquettement s'y mirer ; c'est plus qu'in-
vraisemblable. Toussenel dit très-poétiquement
que l'oiseau est attiré par les brillants reflets du
soleil, son ami. Mais l'emploi, à ces derniers
temps, du miroir sans glaces, met à néant cette
hypothèse. Si nous considérons que l'alouette
donne tout aussi bien sur une chouette vivante ou
empaillée ; que, d'autre part, le miroir, tournoyant
sur son pivot et vu de haut, simule assez bien un
oiseau battant des ailes ; nous concluerons plus
positivement que ce leurre est pris, par quelques
espèces d'oiseaux, et particulièrement par celle qui
nous occupe en ce moment, pour un des rapaces
ennemis de leurs races, pris au piége, et du sup-

plice duquel elles viennent se réjouir. J'estime
aussi que la curiosité n'y est point étrangère, car
on est badaud en voyage, tout aussi bien dans l'espèce emplumée que dans celle habillée, et qu'une
bûche, tournant sur un axe, produirait le même
effet, sauf l'éclat qui, par tout pays et en toutes
nations, a le don de fasciner les yeux. J'en ai pour
preuve que l'alouette de passage *donne* très-bien
sur la queue d'un chien qui frétille dans la *quête*,
sur un soc de charrue oublié dans les champs,
sur un brin d'herbe dont les gouttelettes de rosée étincellent au soleil, sur tous les objets inso-
lites qu'elle n'a pas l'habitude de voir on qui l'é-
tonnent. Mais les habitantes du pays sont plus
futées. Un chasseur expérimenté les a bien vite
reconnues ; une jeune inexpérimentée vient-elle
à être séduite par le leurre, une ancienne se précipite à l'entour, et, par une gaie chansonnette,
l'entraîne au loin. — *Va-t-en voir si elles viennent,
Jean !* répéterai-je à mon tour.

L'alouette est bien certainement l'oiseau qui
m'a révélé le mieux la loi du vol de migration,
droit dans le vent. J'ai pour point d'observation,
depuis ma jeunesse, un val, ou pour mieux dire
une *combe*, selon l'expression locale, mot dont la
lacune au dictionnaire a été constatée, il y a longtemps, par mon compatriote Charles Nodier, un

pur linguiste ; une combe ouverte du nord au midi sur le plateau où se passait la scène qui vient d'être dite, excellent point de passage par le bon vent, mais nullement de stationnement en raison de l'altitude. Le passage s'y fait en une veine qui, selon la variation du vent de sud, infléchit à droite ou à gauche, et il est sage, lorsqu'on y chasse, de transporter son miroir sous le courant, si on veut bien faire. Cette loi donne l'explication d'une bien ancienne remarque des chasseurs spéciaux, à savoir : que les alouettes que l'on prend ou que l'on tue par le vent de sud sont bien plus grasses que celles capturées par les autres vents. La raison en est simple : c'est que, par le vent de sud, on prend ou on tue les alouettes de plein passage, c'est-à-dire en suffisant embonpoint pour se mettre en voyage, tandis que les autres jours ce sont les alouettes en stationnement et qui attendent le supplément de graisse, indispensable pour alimenter leurs longs vols.

La migration d'automne nous trace par avance la marche du retour au printemps. Les alouettes les plus aguerries qui ont hiverné dans le midi de la France, nous reviennent dès que l'hiver s'éloigne, c'est-à-dire au commencement de mars, et les autres suivent successivement. Malheureusement, elles sont encore soumises alors à une terrible destruction. De véritables industriels, échelonnés dans la zone méridionale, se livrent à une guerre acharnée sous l'égide de la loi, et, néanmoins l'espèce est tellement prolifique, que les vides dans les rangs n'y sont pas encore bien constatés. Mais il y a là un vice cependant qui sera plus particulièrement signalé dans le chapitre des conclusions.

Cette intéressante famille est représentée en Europe par plusieurs variétés. C'est, en premier lieu, la Calandre ou *Grosse Alouette*, presque de la taille d'une grive mauvis (*Alauda calandra*), qui n'habite que les contrées méridionales et qui est peu commune.

L'Alouette cochevis (*Alauda cristata*) ou *Alouette huppée*, moins sauvage que les autres espèces et se rapprochant volontiers des chaumières et des grands chemins, dans les grandes plaines sablonneuses et sèches, de la Champagne, par exemple, mais inconnue dans l'est.

Le Cugelier ou *Alouette des bois* (*Alauda arboreus*), petite alouette à queue courte et qui perche sur les arbres, douée d'une voix charmante dont elle n'est point avare, car le mâle chante des heures entières son mélodieux ramage de printemps, tout en tournoyant en grands cercles au-dessus du nid de sa compagne ou perché au haut d'un arbre à sa proximité. Son cri d'automne est un doux petit « *Luli!...Luli!...* » qui lui a fait donner le surnom d'*Alouette Lulu.* C'est elle précisément qui fait entendre, lorsqu'on la lève dans les vignes ou les terres sèches, son habitat ordinaire, ainsi qu'il

Alouettes huppées.

a été dit, un *farlousement*, mêlé de pépiements, qui, à mon estime, a dû jeter la confusion dans la classification des naturalistes par ce nom de *Farlouses,* donné à un autre groupe. Elle migre depuis la fin de septembre jusqu'à la fin d'octobre et revient de fort bonne heure, toujours chantant au passage ou en stationnement son gai petit refrain : « *Luli-luli!... fi-fi... fio-fio-fio!...* »

*
* *

Je termine cette longue, mais gaie série des migrateurs du sud, pour faire ombre ou *repoussoir* au tableau, comme disent les peintres, par l'oiseau des mauvais augures, le *Corbeau*, non qu'il soit aussi noir de caractère que son plumage ou que le fait la chronique, car c'est un fort bon vivant en domesticité, pas difficile, s'apprivoisant et s'attachant facilement ; à l'occasion, buvant sec par-dessus le marché. On m'a conté que mon grand-père en possédait un qui connaissait fort bien le chemin de la cave, y débouchait prestement une bouteille à coup de bec, et, après boire, restait sur le carreau. En sa qualité d'omnivore, le corbeau est utile comme éliminateur des gros insectes et particulièrement du ver blanc, l'antécesseur du hanneton ; on lui reproche de se repaître des cadavres de toute sorte ; en ceci, il remplit encore sa haute mission d'expurgateur des immondices de la surface de la terre. Son plus grand défaut est d'avoir un faible pour les œufs des nids et même pour les oisillons. En cela, il a tort ; mais qui est parfait dans ce monde ?

On appelle communément corbeau tous les oi-

seaux noirs de l'espèce ; mais il faut distinguer.
Nous avons en premier lieu :

Le GRAND CORBEAU, le *Corvus corax* de la science.
Remarquez que ces deux mots ont exactement la
même signification, et que c'est absolument
comme si on disait en latin et en grec, le *Corbeau-
corbeau*. Le dictionnaire de MM. Noël et Chapsal,
plus jovial que je ne croyais dans ma jeunesse,
nous apprend qu'on donnait ce nom de *Corax* aux
prêtres de Mythra, dans l'ancienne mythologie ;
c'était probablement en raison de leur coutume
de s'habiller de noir à l'instar de l'oiseau en question. Le *Corvus corax*, puisque telle est sa désignation, est tout à fait sédentaire, vivant isolé, c'est-à-
dire par couple, dans les rochers et au fond des
bois.

Nous avons ensuite les CORNEILLES NOIRES ET MAN-
TELÉES (*Corvus corone* et *Corvus-cornix*), les CHOU-
CAS (*Corvus monedula*), qui vivent en colonies dans
nos contrées et émigrent régulièrement en octobre
et novembre ; ils vont probablement jusqu'en
Afrique. Le FREUX (*Corvus frigileus*) est originaire
du Nord et se distingue par sa tête un peu chauve,
C'est celui-ci que nous voyons arriver, en plein
hiver, par bandes nombreuses qui couvrent quelquefois un kilomètre carré de terrain. Plus aguerri

contre le froid, il ne va pas loin et généralement
ne dépasse pas le littéral européen.

Le Freux.

Là finira cette longue énumération des migrá-
teurs du Sud que nous avons écourtée autant que
possible.

CHAPITRE VI

MIGRATEURS ACCIDENTELS

Pour compléter cette étude des espèces, il faut encore y ajouter les principaux oiseaux qui se montrent moins régulièrement parmi nous, et le nombre en est grand; il n'y a pas d'années où, dans toutes les contrées, on ne signale des spécimens rares ou totalement inconnus, en plus ou moins grande abondance. Nous avons déjà cité un certain nombre de ces oiseaux qu'il était à propos de réunir à leur groupe naturel; mais il en est d'autres intéressants qui se font voir soit périodiquement, soit localement seulement, et dont les agissements appartiennent encore à l'histoire de la migration. Ils peuvent se diviser en trois catégories : les migrateurs en altitude ou les habitants des hautes montagnes que les grandes chutes de neiges et la rigueur du froid obligent à chercher un refuge dans les bas-fonds et qui généralement ne s'écartent pas au loin de leur pays d'élection ; les migrateurs à grandes intermittences que l'on voit par périodes indéterminées, souvent en très-grand nombre, probablement délogés de leur pays de séjour par la disette ou l'excès de population ; enfin, les migrateurs exotiques qui viennent visiter quelques-unes de nos contrées.

Tous les animaux sauvages qui habitent les hautes régions, à peu d'exceptions près, émigrent plus ou moins en hiver ; c'est-à-dire, descendent sur les versants ou dans les plaines environnantes ; par la souveraine raison qu'ils périraient de misère et de froid sur un sol recouvert d'un épais manteau de neige, à moins qu'ils n'aient la faculté accordée à quelques espèces de s'enfouir et de s'engourdir pour un laps de temps. Les oiseaux de ces régions, n'ayant pas cette latitude, sont bien obligés de suivre la loi commune ; mais comme ils sont par avance accoutumés à une température peu élevée, ils n'ont pas besoin de chercher au loin un climat plus clément et se contentent d'abaisser leur lieu d'habitation.

La vaste chaîne des Alpes, comme d'autres, du reste, possède plusieurs espèces de ces migrateurs.

Le Pinson des neiges ou *Niverolle* (*Fringilla nivalis*) assez semblable au Pinson ordinaire, plus pâle de couleur et qui est assez commun dans la haute Provence; mais il ne s'avance pas même jusqu'au littoral. On le voit également, au commencement de l'hiver, dans le nord-est de la France venant de l'extrême nord.

Pinson des neiges.

Le Gavoué et le Mytilène, deux espèces de Bruants rares et peu connus. Je ne sais s'il faut rattacher à l'une des deux l'Alpin, oiseau estimé à l'égal de l'Ortolan dans la ville de Grenoble, mais qui est rare néanmoins et descend peu au-dessous de cette ville. Il m'était inconnu, n'ayant jamais eu occasion de passer dans l'Isère à la saison favo-

rable et, sur la foi de plusieurs naturalistes, j'étais
porté à le considérer comme un Fringille, lorsque
tout récemment, au 21 décembre dernier, un
obligeant correspondant voulut bien m'en adres-
ser deux spécimens qui m'ont permis de l'apprécier au naturel et gastronomiquement. En voici
d'abord la description : taille plus forte et plus
allongée que celle des Pinsons, longueur, de l'extrémité du bec à celle de la queue, 18 centimètres ;
envergure, 33 centimètres ; bec noir, conique et
peu trapu, aplati latéralement et rentrant sur les
bords pour laisser un interstice à la jointure ; plumage gris cendré sur la tête, roux écaillé de brun sur
le dos, ailes noires, longues et effilées avec une
iarge tache blanche qui, dans le développement,
couvre plus de la moitié de la surface ; gorge gris
perle, poitrail et ventre d'un blanc peu vif qui se
prolonge jusqu'au bout de la queue dont les
pennes supérieures seules sont noires ; pattes de
cette dernière couleur.

Par ces deux caractères d'un corps allongé et
surtout d'un bec aplati sur les côtés, il faut le
ranger indubitablement dans le genre *Bruant* des
naturalistes. Par les larges parties blanches de
son plumage, il indique une tendance à l'albinisme, bien naturelle chez un habitant des alti-
tutes neigeuses et quasi sibériennes.

Restait à savoir s'il méritait la haute réputation gastronomique dont il jouit à Grenoble. Pour m'en assurer, je procédai, moi-même, de la même manière que pour la Litorne dont j'ai parlé, et je dois avouer que les Grenoblois ont fort bon goût; c'est un fin et succulent petit gibier et, en somme, un fort bel oiseau.

Il faut citer encore l'ACCENTEUR DES ALPES, qui se rapproche de la famille des Fauvettes, avec un bec plus fort, et qui apparaît également dans la haute Provence où, dans quelques localités, on lui donne aussi le nom d'*Alpin*.

Tous ces petits migrateurs, sans compter ceux d'autres régions probablement, circonscrits dans un espace restreint, sont assez peu nombreux, et il suffit de les signaler comme exemple de migration spéciale.

*
* *

La catégorie des migrateurs accidentels est un peu plus importante et offre, d'autre part, un certain intérêt, car on ne se rend pas toujours compte de leurs motifs d'évolution, faute d'observations suffisantes sur les lieux d'origine ou assez suivies dans leur parcours. Elle compte notamment deux espèces qui nous arrivent par vols considérables, mais à des périodes souvent très-éloignées et toujours très-incertaines : Le beau Jaseur de Bohême, espèce de Gros-bec à bec court et trapu, gorge et moustache noires, huppe relevée, ailes noires marquées de taches jaunes. Il

Le Jaseur.

niche dans l'extrême Nord et n'en descend que par les hivers les plus rigoureux pour venir jusqu'en Alsace, son point d'arrêt. — Le Bec-croisé (*Loxia curvirostra major*), autre bel oiseau plus gros que le précédent, à plumage très-variable de couleur selon l'âge et le sexe, et caractérisé par son bec en cisaille ; anomalie étrange qui a évi-

demment pour but le déchiquetage des cônes des
arbres résineux. Il niche dans le Nord, à partir de
la latitude de la Belgique. Ses migrations sont des
plus incertaines et de longues années se passent

Becs-croisés.

sans qu'on n'en aperçoive un seul. Puis il arrive,
dès le début de l'automne, par vols nombreux, et
pousse ses courses jusqu'au littoral méditerranéen ;
mais il remonte de fort bonne heure, au mois de
janvier.

Une troisième espèce, le CASSE-NOIX (*Nucifraga coryocatactes :* je cite les noms scientifiques souvent à simple titre de curiosité et on avouera que ce dernier surnom est assez peu harmonieux), est plus régulière dans ses migrations; mais cet oiseau

Casse-noix.

passe isolément ou par couple, et il est rare. Sa taille est un peu plus forte que celle du merle, son plumage fauve est marqué de blanc, et son bec, long et robuste, le fait ranger en histoire naturelle après les Pies et les Geais, dans l'ordre des *corvirostres*...

Enfin, de nombreux oiseaux exotiques des con-

Flamant.

trécs méridionales ; peut-être eux, à l'inverse,
fuyant l'extrême chaleur ou, ce qui est plus dans
l'ordre des choses, allant à la recherche d'une plus
abondante provende que celle de leur pays d'origine qui devient rare, visitent annuellement nos
côtes et s'avancent plus ou moins loin dans les
terres. Tels sont :

Le Rollier (*Corraccias garrula*), espèce de Geai,
au plumage azuré du plus bel effet, originaire
d'Afrique et un peu d'Espagne, qui vient quelquefois dans le midi de la France, mais isolément et
en se cachant dans le plus profond des bois,
comme s'il se sentait dépaysé.

Le Martin-Roselin (*Turnus roseus*), un étourneau au plumage rose et noir : fort bel oiseau
dont le pays d'origine est très-obscur. Il arrive
aussi dans le Midi en automne ; mais plus fréquemment il voyage, comme son confrère indigène, par grandes bandes, et est peu sauvage. Il
reprend sa route au printemps.

Le plus beau des visiteurs exotiques de notre
littoral est, sans contredit, le Flammant (*Phœni-
copterus ruber*), oiseau de l'Orient par excellence
qui, néanmoins, pousse des promenades ou des
reconnaissances jusque dans nos contrées occidentales, à peu près chaque année en hiver et au
printemps, y faisant même un certain séjour. On

en cite,quelques-uns qui se sont avancés jusqu'à la Loire, jusqu'en Champagne, dévoyés de leur route par des vents contraires, disent les naturalistes. Pour ma part, je crois peu à ces déviations for-

Spatule.

cées; les oiseaux sont plus maîtres de leurs moyens d'action que cela; et je préférerais l'attrait d'une nourriture nouvelle, la curiosité de voir, d'explorer d'autres contrées où, peut-être,

ils pourraient établir des colonies : car un fait à
noter pour les Flamants, c'est qu'ils sont également
indigènes dans l'Amérique méridionale et
on se demande comment ils ont pu se disperser à
si longue distance. Il est peu probable qu'ils aient
pris la route du Nord, en effet; mais ils ont le vol
puissant, et leurs pattes palmées leur permettent
de se mettre à la nage pour se reposer, puis de
reprendre leur élan; et pour ceux-ci la grande
traversée de l'Océan est moins incompréhensible.

Quelques autres grands échassiers de rivage,
les Spatules, plusieurs espèces d'Ibis, etc., viennent
encore jusqu'à nous; mais la longue énumération
que nous venons de parcourir suffit largement
à donner une idée détaillée de la migration
générale, et il est temps d'en déduire les conclusions
qui peuvent être intéressantes ou utiles.

CHAPITRE VII

CONCLUSIONS

Tous les oiseaux, sauf un petit nombre de sédentaires, migrent chaque année, aux approches des frimas, les uns plus ou moins à l'est ou à l'ouest, les autres directement des contrées du nord vers celles plus tempérées ou plus chaudes du sud : la nature, en leur en faisant une loi à la fois obligatoire et utile, leur en a donné les moyens de locomotion et de direction; et chaque espèce, selon ses besoins et son genre d'existence, a son mode de voyage, ses époques, ses parcours, aussi bien au départ de l'automne qu'au retour du printemps. Il n'y a plus d'hypothèses à faire sur ce sujet.

Maintenant pour apprécier ce grand mouvement, bis-annuel qui transporte le monde des oiseaux du cercle polaire vers l'équateur et réciproquement, il suffit de jeter un coup d'œil sur une carte d'Europe ou mieux sur un globe terrestre, pour concevoir facilement : 1° que la conformation des points de départ, les hautes chaînes de montagnes, telles que les Alpes, doivent déterminer des veines ou des courants plus abondants ici que là, selon l'ingénieuse conception de M. della Faille de Leverghem ; 2° que ces courants sont, d'une part, accélérés ou ralentis par les vents favorables ou défavorables, et, d'autre part, souvent déviés dans leur marche par les conditions météorologiques et topographiques perpétuellement variables d'un lieu à un autre. Ces deux conditions sont la base de la dispersion infinie des oiseaux sur toute la surface de la terre, qu'a voulue la nature, et, en y ajoutant les conditions du sol, de la température, de la nourriture, qu'offrent les différents lieux, elles nous donnent une idée précise de l'extrême variabilité que subissent les passages dans une même contrée, d'une année à l'autre, en même temps que du peu de fixité souvent du nombre des sujets qui restent en un lieu pour la reproduction.

Il en ressort un grand enseignement ! Si, en effet, nous nous représentons la masse innombrable des oiseaux qui peuplent l'Europe, de

l'Océan aux monts Ourals, et même par delà ;
car autant vaudrait dire l'hémisphère boréal ; et
qui, deux fois l'an, vont et viennent du nord au
midi, se dispersant sur toute l'étendue de ce vaste
espace, partout où les conditions d'existence, propres à chaque espèce, sont assurées, on compren-
dra que, quelle que soit l'action de l'homme sur
la nature, il n'en a pas autant qu'on serait tenté
de le croire sur le monde des oiseaux. Il peut,
dans une certaine mesure modifier les choses qui
sont à sa portée, sol, végétaux et animaux sédentaires ; restreindre, annihiler même certaines espèces de ces derniers ; c'est ainsi qu'on nous dit
qu'il a supprimé un jour le moineau franc dans
un espace fermé de toute part, la Grande-Bretagne ;
mais il ne supprimerait pas aussi facilement le
Moineau friquet, son voisin en espèce, pas plus
que la Caille, la Bécasse et tous les autres oiseaux
migrateurs ; par la bien simple raison que cette
masse mobile échappe à son action, dans sa généralité, par sa mobilité même. Il peut se faire
qu'il détruise ou modifie les lieux de station,
mais elle passe outre, car elle a l'espace pour
domaine ; et quant aux déprédations humaines,
avec une certaine réserve et sans trop d'opti-
misme pourtant, la féconde nature, qui les a pré-
vues, sait les combler.

Ceci a spécialement pour but de rassurer les âmes inquiètes, Toussenel en tête, qui, par quelques méfaits exagérés de destruction, ou par les modifications locales, voient en perspective la prochaine disparition des oiseaux, du moins dans notre monde civilisé. Cette crainte, à mon estime, tient beaucoup à l'imagination : on a entendu parler, on a vu soi-même, à de lointains intervalles, des foules d'oiseaux de passage, et, comme il n'en est pas annuellement ainsi dans une même contrée, on en conclut trop vite que la race est en dégénérescence. Les récents exemples de formidables migrations qui ont été cités, ainsi que la théorie sur la dissémination des volatiles, prouvent que les mêmes faits d'exubérance ne discontinuent pas de se produire à leurs intervalles, et que, selon toutes probabilités, il en sera encore ainsi pendant longtemps ; et on peut ajouter à l'apppui que cette crainte date de loin, sans que les oiseaux aient pour autant disparu. Les satyriques latins, Lampride, Suétone, Martial, reprochaient déjà aux Romains leurs goûts et leurs appétits destructeurs : et ils n'avaient point tort, si on se rappelle les festins d'alors, où les mets recherchés étaient des langues de Flamants, des cervelles de Faisans, etc., etc. Nous n'en sommes point là, en fait d'exagération ou mieux de dévergondage du goût ! — Au temps de Buffon, les mêmes plaintes étaient formulées et se motivaient par les destructions qui se commettaient, et cela depuis un temps immémorial, comme elles se commettent encore aujourd'hui, sur le littoral de la Méditerranée. — Et néanmoins les oiseaux subsistent, probablement sans avoir beaucoup diminué de nombre, si ce n'est localement par les nouvelles dispositions du sol.

Mais cette question touche de trop près à celle, fort en vogue aujourd'hui, de l'*utilité et de la protection des oiseaux*, pour que nous ne parlions pas de celle-ci comme conclusion finale.

*
* *

Dans l'espèce, comme disent les légistes, il faut considérer l'action de l'homme sous deux aspects : directement et indirectement.

Indirectement, lorsqu'il dessèche un marais, il détruit par le fait un point de station ou un lieu d'habitat pour toutes les espèces qui y faisaient leur repos de migration ou qui s'y installaient pour la reproduction : il ne faut donc pas qu'il s'étonne de n'en plus revoir ou que fort peu, dans cette localité ; ces oiseaux ont passé outre, comme il vient d'être dit, sans être annihilés pour autant.

Lorsqu'il défriche une forêt, un espace buisson-
neux, une haie; qu'il coupe un arbre là où il y en
a peu ou pas, il supprime le logis, le domicile de
tous les oiseaux qui s'y arrêtaient ou y demeu-
raient. Plus, si on considère le développement de
sa propre population, l'extension et la dispersion
de ses habitations, il tombe sous le sens que l'espace et les ressources se limitent d'autant pour
d'autres êtres : il est bien certain que lorsque la
plaine de Paris, excellent point de passage, soit
dit en passant, était déserte d'habitants humains,
elle était mieux peuplée en animaux sauvages,
et cela du petit au grand. — Eh! bien, que là encore on se console : la civilisation, qui multiplie
l'action de l'homme, est plus qu'une compensation, et, dans le même espace, la population des
animaux domestiques, autrement et doublement
utile, est aujourd'hui bien plus considérable.
D'autre part, les oiseaux dont l'existence est com-
patible avec la sienne, rassurés par des mœurs
plus policées, reviennent d'eux-mêmes dans ses
murs, dans ses jardins; témoins les ramiers, si
sauvages de leur naturel, qui ont élu domicile aux
Tuileries et au Luxembourg. A son tour, le progrès
agricole multiplie les animaux domestiques; puis,
lorsque l'homme replante, lorsqu'il reboise, parce
que cela lui est profitable, il reconstruit des abris,

des demeures pour les oiseaux percheurs. Grand
nombre d'autres, qui vivent à terre, trouvent d'excellentes conditions d'existence dans ses cultures de
hautes tiges : malheureusement il en est une, la
prairie artificielle, base d'utilité et de richesse pour
lui, qui fait ombre au tableau. Mais, que tout en
prélevant le tribu sur les espèces que lui accorde
la nature, il respecte la reproduction, et le monde
des oiseaux n'est pas près de finir.

*
* *

Voyons maintenant l'action directe ou la destruction volontaire.

Tous les êtres animés, même les plantes, sont
soumis à la loi fatale de sustenter leur existence les uns par les autres et de se limiter réciproquement, mais non de se supprimer, afin que
le domaine commun, la terre, ne devienne pas
l'apanage d'une seule et unique espèce. La nature
y a pourvu par l'exfrême abondance des générations, et elle seule les fait disparaître lorsque leur
utilité générale a cessé.

Les oiseaux, dans cet ordre de chose, limitent la
plante, les insectes, les bestioles et autres animaux : à leur tour, morts ou vivants, ils servent

de nourriture à toutes ces espèces, même aux leurs.

L'homme, égoïste comme tous ses congénères en animalité, ne considère leur utilité que par rapport à lui. Celle des oiseaux est de trois sortes, avec une part de détriment : indirecte, directe et d'agrément. Examinons ces divers points ; ils doivent nous conduire à la conclusion ; autrement nous ne saurions où la chercher.

*
* *

Tous les oiseaux sont insectivores, depuis les grands rapaces qui ne dédaignent point de croquer les gros insectes, quand ce ne serait que pour se mettre en appétit (et nous avons dans l'espèce des premiers sujets, tels que la Bondrée apivore et les Pie-grièches) jusqu'aux plus petits des passereaux ; mais à des degrés différents : les uns un peu, les autres beaucoup, d'autres complétement. Les Pics, les Hirondelles, sont dans ce dernier cas : les granivores et les baccivores le sont seulement la moitié ou les trois quarts de l'année, sous peine de mourir de faim. Les oiseaux, dans leur généralité, sont donc particulièrement les éliminateurs de cette race.

Les insectes sont nuisibles à l'homme de diverses manières : mais, pour rester dans la simplicité de la question, ne parlons que des dégâts qu'ils causent à ses plantes, à leurs graines ou à leurs fruits. N'oublions point toutefois qu'ils ont aussi leur part d'utilité, quand ce ne serait que comme propagateurs de la fécondation.

Une grande partie d'entre eux, des myriades de microscopiques et de minuscules, néfastes à l'économie végétale comme à l'économie animale, exemple, le terrible *phylloxera*, échappe à l'atteinte de l'oiseau.

D'autres sont à l'abri de la destruction par leur extrême fécondité et la préservation qui est accordée à leur descendance. Depuis que le monde est monde, les oiseaux n'ont jamais arrêté l'invasion des sauterelles dans le Sud, l'apparition périodique des plaies de hannetons dans le Nord, ni d'autres fléaux d'insectes.

De même pour tous les autres, les oiseaux peuvent bien éliminer, mais non annihiler ; autrement leur raison d'être cesserait le lendemain, et ils disparaîtraient eux-mêmes.

Ainsi donc, à ce point de vue, ils nous donnent un concours, non un remède : telle est leur utilité indirecte. Et je suis singulièrement de l'avis de M. Pellicot, doublement autorisé dans la question comme observateur et comme agronome, Président du Comice agricole de Toulon, lorsqu'il dit, dans son livre des OISEAUX MIGRATEURS DE PROVENCE : « *Plus j'avance dans la vie et plus je demeure convaincu qu'en l'état de la société, les oiseaux ne sauraient opposer une digue efficace à l'envahissement des insectes nuisibles; il faut que l'homme se défende lui-même !* »

Il faut que l'homme avise lui-même : voilà le mot! et ne compte point trop sur le secours d'un auxiliaire bénévole et tout à fait fortuit, dans l'attente duquel s'endormirait son apathie. C'est comme s'il attendait un aide pour se débarrasser des puces, des punaises et autres vermines qui envahissent son domicile et sa propre personne, ou pour purger ses champs des herbes parasites. Eh bien! à tout prendre, la civilisation, le progrès agricole, sont encore leurs propres éliminateurs. De ces derniers temps, je vois les hirondelle devenir rares dans les rues de Paris depuis l'établissement des égoûts souterrains ; elles y manquent d'insectes. Du jour où l'intérieur de l'Afrique serait cultivé, disparaîtrait le fléau des sauterelles; la charrue, qui met à découvert des milliards d'œufs et de larves, fait plus de besogne que des légions d'oiseaux qui séjournaient des mois sur le sol. Les enfants de nos écoles, embrigadés et encouragés, détruiraient plus de hannetons que tous

Poulailler roulant. (Page 287.)

les oiseaux du canton réunis : leur passion pour ce coléoptère est une précieuse indication.

Les oiseaux eux-mêmes nous en donnent une autre. Ils suivent en grand nombre nos labours ; c'est un des grands mérites qu'on leur fait. Mais nous avons sous la main, et à notre complet vouloir, un oiseau aussi qui est glouton de toutes les vermines : c'est la Poule ! Utilisons-la, et selon l'utilitaire pensée d'un agriculteur méritant de ce siècle, M. Giot, faisons suivre toutes nos charrues de *poulaillers roulants*. Mettons la Poule partout, tant qu'elle n'est pas nuisible : c'est l'insecti-vorerie organisée, et la réalisation du rêve de Henri IV : *la Poule au pot !*

L'oiseau, considéré comme insectivore, a surtout cette spécialité au printemps, alors qu'il nous revient maigre et affamé par le voyage, que les autres nourritures lui font défaut et qu'il va avoir à fournir à celle de toute sa progéniture. Par contre, à l'automne, son utilité est mitigée par un détriment à nos récoltes, quelquefois dans une proportion sensible. Exemple : l'étourneau dans les vignobles.

Donc : RESPECT A L'OISEAU AU PRINTEMPS !

*
* *

L'homme, comme tous les autres êtres vit de la plante et des animaux, même parfois de ses semblables, à l'origine des sociétés, lorsqu'il n'a ni l'agriculture, ni l'industrie, qui multiplient ses ressources alimentaires. Il mange quelques sauterelles dans le désert, faute de mieux : on a essayé, dans ces derniers temps, de lui faire manger les vers blancs du hanneton, l'ennemi fieffé de ses récoltes ; mais cela n'a pas pris ; et, par son peu de goût pour les mouches dans le potage, sa répugnance pour une foule d'autres, il doit être déclaré *insectiphobe*. Il n'en est pas de même à l'égard des oiseaux qui, par la délicatesse et l'esculence de leur chair, excitent au plus haut degré sa gourmandise. C'est là leur utilité directe, un appoint très-apprécié de nourriture ; et la nature ne pouvait dire plus clairement que l'homme est à ses yeux un éliminateur de la gent aviale. Mais comme elle est la source de sagesse et le grand enseignement, elle lui a indiqué en même temps ses restrictions. Nous en avons vu un premier exemple dans ce fait approximatif jusqu'ici, que ceux qui lui sont indirectement le plus utiles, sont le moins agréables à son palais, et cela selon certaines nuan-

ces qui deviendront des données positives lorsque
la vie intime des oiseaux, pour ainsi dire, nous
sera mieux connue. La nature va plus loin encore :
ces auxiliaires utiles au premier chef dans le Nord,
le devenant moins dans le Midi, y sont moins co-
riaces et d'une assimilation meilleure. Puis, c'est
à l'automne que ceux qui peuvent lui devenir nuisibles ou inutiles sont dans tout leur embonpoint,
dans toute leur qualité.

Ces considérations et cette autre, d'une observation constante, que les oiseaux migrateurs ayant
à subir, dans leurs longues pérégrinations, des
avaries de toutes sortes : fatigues, intempéries,
abstinence, spoliations de leurs ennemis, mort
naturelle; reviennent au printemps en nombre
bien inférieur à celui du départ : nous en avons
pour preuve manifeste les Martinets, oiseaux de
grand et haut vol, des mieux organisés pour échap-
per à tous les périls ; ils sont partis augmentés de
tous leurs descendants de la saison, et, néanmoins
au retour, l'espèce n'est pas plus abondante : cet
ensemble de considérations, dis-je, m'a conduit
à établir depuis longtemps ce calcul que je crois
au-dessous de la vérité, à savoir qu'un oiseau que
nous détruisons à l'automne représente à peine le
tiers d'un de ceux qui nous reviennent au printemps; tandis que celui-ci représente une unité

entière, plus la part de reproduction à laquelle il va coopérer ; c'est-à-dire, en moyenne, plus de dix sujets.

La nature pouvait-elle nous dire plus nettement : « Usez de l'oiseau a l'automne, respectez-le au printemps ! »

Je demande mille excuses pour ce langage sec et positif ; mais on a écrit et dit, on dit et on écrit encore tant de choses étranges, inconscientes, sur ce sujet, que je tiens à être précis et bref.

*
* *

Les oiseaux peuplent et animent la nature. Ils nous charment et nous égayent par leurs grâces, la délicatesse de leurs formes et la vivacité de leurs allures, leur belle toilette et leurs coquetteries, leurs chants et leurs caquetages. Pour en jouir de plus près et plus constamment, nous les rapprochons de nous, nous efforçant de leur faire oublier la captivité par des soins assidus, par tout ce que nous pensons devoir leur être agréable, sans aucune pensée d'utilité ou de profit. C'est encore au printemps qu'ils sont dans tout l'éclat de leur parure, qu'ils ont les plus doux chants ; eux-mêmes, heureux de vivre dans toute la plénitude de leur existence, confiants dans l'intérêt qu'ils sentent qu'ils nous inspirent, ils perdent leur sauvagerie et viennent dans nos murs, sous nos toits, dans nos jardins, à notre portée, abriter leurs nids. A l'automne, il n'en est plus ainsi : préoccupés seulement de leurs besoins matériels, comme de pauvres diables qui voient la misère venir, ils redeviennent farouches ; le charme est rompu ; et, par leur défiance, ils semblent nous inciter à les poursuivre. La convoitise ou, si l'on veut, l'intérêt direct aidant, l'agrément se transforme et devient la chasse, avec ses entraînements, ses plaisirs et ses salutaires exercices.

Ainsi, par l'attrait, la nature nous dit encore et pour la troisième fois : « RESPECTEZ L'OISEAU AU PRINTEMPS ET N'EN USEZ QU'A L'ARRIÈRE-SAISON ! »

*
* *

Telle est la loi ! La réelle protection des oiseaux que nous avons à traduire, dans l'enseignement, dans la législation, par la suppression de toute destruction printanière. — Mais ne nous illusionnons pas encore : tant que cette maxime ne sera pas d'une application générale dans l'ensemble de notre continent, elle sera vaine pour les oiseaux migrateurs !

FIN.

TABLE DES MATIÈRES

PARIS — TYPOGRAPHIE LAHURE
Rue de Fleurus, 9

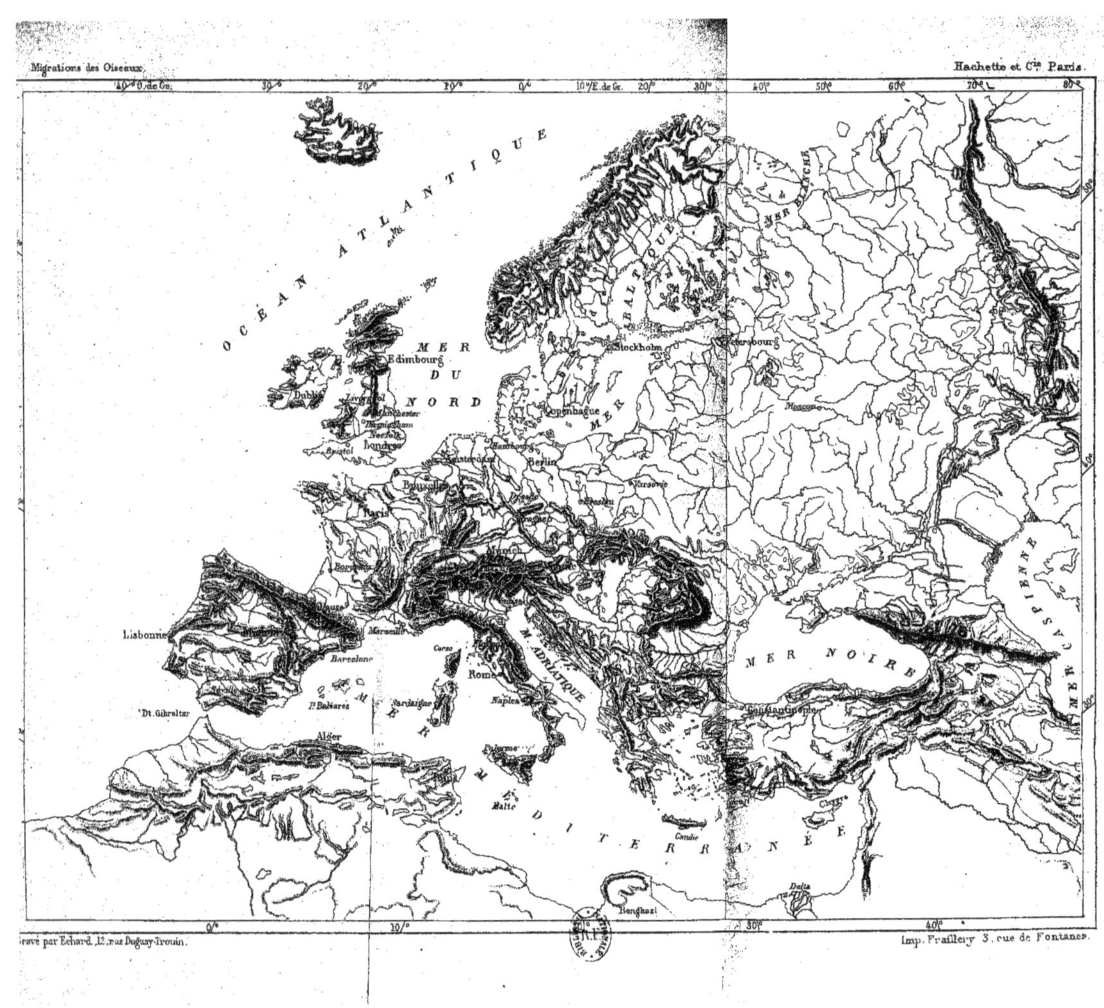
OCÉAN ATLANTIQUE
MER DU NORD
MER BALTIQUE
MER BLANCHE
MER MÉDITERRANÉE
MER ADRIATIQUE
MER NOIRE
MER CASPIENNE
Edimbourg
Dublin
Manchester
Nottingham
Norfolk
Bristol
Londres
Amsterdam
Bruxelles
Paris
Hambourg
Berlin
Varsovie
Stockholm
Pétersbourg
Copenhague
Moscou
Bordeaux
Marseille
Lisbonne
Barcelone
Dt. Gibraltar
Alger
I. Baléares
Corse
Sardaigne
Rome
Naples
Palerme
Malte
Candie
Constantinople
Benghazi
Delta
Chypre

40° O. de Gr.   30°   20°   10°   0°   10° E. de Gr.   20°   30°   40°   50°   60°   70°   80°
0°   10°   30°   40°

LIBRAIRIE HACHETTE ET CIE

BOULEVARD SAINT-GERMAIN, 79, A PARIS

LE

JOURNAL DE LA JEUNESSE

NOUVEAU RECUEIL HEBDOMADAIRE ILLUSTRÉ

**Les six premières années (1873-1878) formant
douze beaux volumes grand in-8° et contenant plus de
3000 gravures sont en vente**

Ce nouveau recueil hebdomadaire est spécialement destiné aux jeunes gens et aux jeunes filles.

Il forme, chaque semaine, une livraison de seize pages imprimées sur deux colonnes, contenant environ 1200 lignes de texte, et de belles gravures d'après nos meilleurs artistes. La première partie est consacrée aux œuvres d'imagination, aux voyages; l'autre, à ces mille notions de science, d'art, d'industrie, qu'il est si utile de présenter à la jeunesse et qui l'intéressent d'autant plus qu'elles lui sont présentées avec tout l'attrait de l'actualité. La couverture elle-même forme tous les quinze jours un supplément consacré à des problèmes, des charades, des logogriphes, des questions historiques, fournissant aux lecteurs un sujet de recherches attrayantes et instructives. Les noms des auteurs des solutions sont publiés.

Les six premières années du *Journal de la Jeunesse* forment douze magnifiques volumes in-8°, très richement illustrés.

Ces volumes sont les livres les plus attrayants et les plus instructifs que l'on puisse mettre entre les mains de la jeunesse. Il suffira de jeter un coup d'œil sur le rapide énoncé des principaux articles qui les composent pour se convaincre que le *Journal de la Jeunesse* a fidèlement observé le programme qu'il s'était proposé.

EXTRAIT DES MATIÈRES CONTENUES DANS LES DOUZE PREMIERS VOLUMES

DU

JOURNAL DE LA JEUNESSE

NOUVELLES, CONTES, RÉCITS. — Les braves gens, Nous autres, la Toute Petite, l'Oncle Placide, le Neveu de l'Oncle Placide, par J. Girardin; Une sœur, par Mme de Witt; la Dette de Ben-Aïssa, par Marie Maréchal; En congé, le Jeune chef de famille, la Petite Duchesse, Grandcœur, par Mlle Fleuriot; Tom Brown, par J. Girardin; la Fille aux pieds nus, par Auerbach; Deux Mères, le Violoneux de la Sapinière, la Fille de Carilès, le Bonheur de Françoise, Chloris et Jeanneton, l'Héritière de Vauclain, par Mme Colomb; la Terre de servitude, par H. Stanley; les Aventures du capitaine Magon, la Bannière bleue, Les Pilotes d'Ango, par L. Cahun; Le Château de la Pétaudière, par Mme la vicomtesse de Pitray; Heur et Malheur, par Mme Emma d'Erwin; Montluc le Rouge, par Alfred Assollant; Cousine Marie, par Mlle Gouraud; le Charmeur de serpents, par L. Rousselet, etc.

CAUSERIES. — La Botanique de Georges, les Oranges, le Stéréoscope, une Croisade d'enfants, Copernic, la Monnaie, les Jeux floraux, l'Hôtel de Ville, les Ecoliers soldats, par l'Oncle Anselme; le Parapluie, le Jeu d'échecs, Organisation militaire des Romains et des Gaulois, Les Ogres, par P. Vincent; le Bal costumé, par J. Levoisin; l'Hôtel des Invalides, par Louis Rousselet; les Tuileries, par L. Bepp; la Maison romaine, les Peintres grecs, Découverte de la peinture à l'huile, la peinture murale chez les Anciens, par de Raymond; Origines du service militaire obligatoire en France, par P. Duhousset; Les Mois, par Albert Lévy, etc.

HISTOIRE, BIOGRAPHIE. — Scènes historiques, par Mme de Witt; la bataille de Cannes, par R. du Coudray; Andersen, Dupuytren, par Ch. Joliet; Agassiz, La Tour d'Auvergne, Kaméhaméha V, le capitaine Boyton, par Et. Leroux; Paganini, Nélaton, Coste, par H. de Norval; Boïëldieu, Mozart, Beethoven, par N. Mouzin; Tourville, Châteaubriand, par R. du Coudray; Philippe de Girard, par Richard Cortambert; Cameron, par L. Rousselet; Etienne de La Boëtie, le général Grant, par L. Sevin; Pierre Corneille, par G. Ducoudray; Pie IX, par Mlle Fleuriot.

GÉOGRAPHIE, VOYAGES, AVENTURES. — Une Croisière autour du monde, par Kingston; Livingstone, Henry Stanley, les Pays slaves de la Turquie, les Colonies françaises, les Sources du Nil, Sir S. Baker, le Turkestan, la Guinée, l'Indo-Chine, l'Afrique centrale, les Pygmées, le Bas-Danube et la Drobrudja, nos Colonies, Constantinople, Tahiti, Trébizonde, la Roumanie, les dernières Explorations arctiques, la Traversée de l'Afrique, le deuxième Voyage de Stanley, par Louis Rousselet; le Sahara algérien, le Creusot, par Et. Leroux; les Explorateurs des régions arctiques, l'Expédition du capitaine Hall au pôle Nord, l'Equipage du *Polaris*, les Naufragés au Spitzberg, le Royaume de Dahomey, par Lucien d'Elne; la Grotte d'Adelsberg, par Louis Enault; le Colisée, l'Alhambra, par R. du Coudray; Promenades aux Etats-Unis, par Léon Dives; les Villes de France, par A. Saint-Paul et H. Norval.

HISTOIRE NATURELLE, ZOOLOGIE, BOTANIQUE. — Les Fourmis nourrices, par E. Menault; l'Hippopotame, le Hamster, l'Autruche, l'Eléphant, l'Orang-Outang, les Oiseaux de paradis, les lions marins, la Girafe, le Calmar, le Corbeau, par Th. Lally; le Mégathérium, le Condor, par H. Norval; le Jardinage de la jeunesse, par L. Châtenay; les Oiseaux gigantesques, par Marcel Devic; les Orchidées, les Plantes d'appartement, la Pêche à la ligne, l'Aquarium d'eau douce, par H. de la Blanchère; le Phylloxéra, par Albert Lévy; les Arbres géants, par P. Vincent; les Œufs des insectes, les Méduses, les Anémones de mer, l'Araignée domestique, les Eponges, par Mme Demoulin ; la Belette, le Chat, l'Églantine, par Ch. Shiffer ; l'Oiseau-Mouche, par Jeanne du Plessis ; les Migrations des Oiseaux, par A. de Brévans, etc.

ASTRONOMIE. — La Planète Vénus, la Lune, la Comète, l'Histoire ancienne du Ciel, la distance du Soleil à la Terre, par A. Guillemin ; la Lune rousse, par H. Norval ; les Pierres qui tombent du ciel, Saturne, Neptune, Mars, par Albert Lévy.

INVENTIONS, DÉCOUVERTES. — Les Bateaux à vapeur de la Manche, par A. Guillemin ; les Destructeurs des câbles, Impressions de voyage en ballon, le Professeur Charles, par G. Tissandier ; le Pyrophone, le Gallium, par A. Lévy ; un Fanal inextinguible, les Omnibus, le Chemin de fer du Pacifique, la Pendule mystérieuse, les Puits de gaz en Pensylvanie, le Verre, par P. Vincent ; les Navires cuirassés, par Léon Renard ; le Scaphandre, par H. Norval ; le Tunnel de la Manche, par Et. Leroux.

CAUSERIES INDUSTRIELLES. — La Laine, le Coton, la Soie, le Lait, le Papier, le Télégraphe, la Photographie, le Tissage, par Eug. Muller ; les Huiles de pétrole, par G. Tissandier ; Comment se fait une aiguille, les Vendanges, Emploi de l'air comprimé, les Eaux de Paris, les Marbres de Carrare, le Crin végétal, par P. Vincent ; les Fourrures, par Mme Loreau ; les Bonbons, le Sel, le Café, le Cacao, le Houblon et la Bière, le Thé, par H. Norval ; le Pain et son histoire, par l'oncle Anselme, etc.

ACTUALITÉS, CONTEMPORAINS, VARIÉTÉS. — Le Naufrage du *Northfleet*, Verguin, par Eug. Muller ; les Ascensions du *Zénith*, par G. Tissandier ; les Bohémiens, par L. Rousselet ; Horace Greeley, par P. Vincent ; l'Ouverture de la chasse, l'Exposition des races canines, par Th. Lally ; l'Arc, l'Arbalète, par H. de la Blanchère ; le Palais du Trocadéro, par Lucien d'Elne.

CONDITIONS ET MODE DE LA PUBLICATION

LE JOURNAL DE LA JEUNESSE paraît le samedi de chaque semaine. Le prix du numéro est de 40 centimes.

Chaque année de la publication forme deux beaux volumes in-8° richement illustrés.

Prix de chaque volume : broché, 10 fr. ; cartonné en percaline rouge, tranches dorées, 13 fr.

PRIX DE L'ABONNEMENT
POUR PARIS ET LES DÉPARTEMENTS

UN AN (2 volumes)............ 20 FRANCS
SIX MOIS (1 volume).......... 10 —

NOTA. — Ces prix augmentent de 2 fr. pour l'année et de 1 fr. pour six mois pour les pays étrangers faisant partie de l'Union générale des postes.

Les abonnements ne se prennent que pour un an ou six mois, du 1er décembre et du 1er juin.

BIBLIOTHÈQUE ROSE ILLUSTRÉE

Format in-18 jésus, à 2 fr. 25 le volume

La reliure en percaline rouge se paye en sus : tranches jaspées, 1 fr.
tranches dorées, 1 fr. 25.

1re SÉRIE. — POUR LES ENFANTS DE 4 A 8 ANS.

Anonyme : *Chien et chat;* 3e édit. 1 vol. traduit de l'anglais par Mme A. Dibarrart, avec 45 vignettes par E. Bayard.

— *Douze histoires pour les enfants de quatre à huit ans*, par une mère de famille; 3e édit. 1 vol. avec 18 vignettes par Bertall.

— *Les enfants d'aujourd'hui*, par la même; 3e édit. 1 vol. avec 40 vignettes par Bertall.

Carraud (Mme Z.) : *Historiettes véritables;* 3e édit. 1 vol. avec 94 vignettes par Fath.

Fath (G.) : *La sagesse des enfants*, proverbes, avec 100 vignettes par l'auteur. 1 vol.

Laroque (Mme) : *Grands et petits.* 1 vol. avec 61 vignettes par Bertall.

Marcel (Mme J.) : *Histoire d'un cheval de bois;* 2e édit. 1 vol. avec 20 vignettes par E. Bayard.

Pape-Carpantier (Mme) : *Histoires et leçons de choses pour les enfants;* 9e édit. 1 vol. avec 85 vignettes.

Ouvrage couronné par l'Académie française.

Perrault, Mmes d'Aulnoy et Leprince de Beaumont : *Contes de fées.* 1 vol. avec 65 vignettes par Bertall, Forest, etc.

Porchat (L.) : *Contes merveilleux;* 3e édit. 1 vol. avec 21 vignettes par Bertall.

Schmidt (le chanoine Ch. von) : 190 *Contes pour les enfants*, traduits de l'allemand par Van Hasselt; 2e édition. 1 vol. avec 29 vignettes par Bertall.

Ségur (Mme la comtesse de) : *Nouveaux contes de fées;* 4e édit. 1 vol. avec 46 vignettes par Gustave Doré et H. Didier.

2e SÉRIE. — POUR LES ENFANTS DE 8 A 14 ANS.

Achard (Amédée) : *Histoire de mes amis.* 1 vol. avec 20 vignettes par E. Bellecroix, A. Mesnel, etc.

Andersen : *Contes choisis*, traduits du danois par Soldi; 4e édit. 1 vol. avec 40 vignettes par Bertall.

Anonyme : *Les fêtes d'enfants, scènes et dialogues;* 4e édit. 1 vol. avec 41 vignettes par Foulquier.

Assollant (A.) : *Les aventures merveilleuses, mais authentiques du capitaine Corcoran;* 3e édit. 2 vol. avec 50 vignettes par A. de Neuville.

Barrau (Th. H.) : *Amour filial;* 4e édit. 1 vol. avec 41 vignettes par Ferogio.

Bawr (Mme de) : *Nouveaux contes;* 4e édit. 1 vol. avec 40 vignettes par Bertall.

Ouvrage couronné par l'Académie française.

Belèze : *Jeux des adolescents;* 4e édit. 1 vol. avec 140 vignettes.

Berquin : *Choix de petits drames et de contes;* 2e édit. 1 vol. avec 36 vignettes par Foulquier, etc.

Berthet (Élie) : *L'enfant des bois;* 4e édit. 1 vol. avec 61 vignettes.

Blanchère (de la) : *Les aventures de La Ramée et de ses trois Compagnons;* 2e édit. 1 vol. avec 36 vignettes par E. Forest.

— *Oncle Tobie le pêcheur;* 2e édition. 1 vol. avec 80 vignettes.

Boiteau (P.) : *Légendes* recueillies ou composées pour les enfants; 2e édit. 1 vol. avec 42 vignettes par Bertall.

Carraud (Mme Z.) : *La petite Jeanne ou le Devoir;* 6e édit. 1 vol. avec 21 vignettes par Forest.
  Ouvrage couronné par l'Académie française.

— *Les métamorphoses d'une goutte d'eau,* suivies des *Aventures d'une fourmi, des Guêpes,* etc.; 4e édit. 1 vol. avec 50 vign. par E. Bayard.

— *Les goûters de la grand'mère;* 3e édit. 1 vol. avec 18 vignettes par Bayard.

Castillon (A.) : *Les récréations physiques;* 3e édit. 1 vol. avec 36 vignettes par Castelli.

— *Les récréations chimiques,* 3e édit. 1 vol. avec 34 vignettes par Castelli.

Chabreul (Mme de) : *Jeux et exercices des jeunes filles;* 4e édit. 1 vol. contenant la musique des rondes et 50 vignettes par Faih.

Colet (Mme L.) : *Enfances célèbres;* 9e édit. 1 vol. avec 57 vignettes par Foulquier.

Contes anglais, traduits par Mme de Witt. 1 vol. avec 43 vignettes par Morin.

Edgeworth (Miss) : *Contes de l'adolescence,* traduits par Le François; 2e édition. 1 vol. 42 vignettes par Morin.

— *Contes de l'enfance,* traduits par le même. 1 vol. avec 27 vignettes par Foulquier.

— *Demain,* suivi de *Mourad le malheureux;* 2e édit. 1 vol. avec 55 vign. par Bertall.

Fénelon : *Fables.* 1 vol. avec 22 vignettes par Forest et E. Bayard.

Fleuriot (Mlle Zénaïde) : *Le petit chef de famille;* 3e édition. 1 vol. avec 51 vignettes par Castelli.

— *Plus tard, ou le jeune chef de famille;* 2e édit. 1 vol. avec 74 vignettes par Bayard.

— *En congé;* 3e édit. 1 vol. avec 61 vignettes par A. Marie.

— *Bigarrette.* 3e édit. 1 vol. avec 55 vignettes par A. Marie.

— *Un enfant gâté;* 2e édition. 1 vol. avec 48 vignettes par Ferdinandus.

Foë (de) : *La vie et les aventures de Robinson Crusoé,* traduites de l'anglais, édition abrégée. 1 vol. avec 40 vignettes.

Genlis (Mme de) : *Contes moraux.* 1 vol avec 40 vignettes par Foulquier, etc.

Gouraud (Mlle Julie) : *Les enfants de la ferme;* 3e édit. 1 vol. avec 50 vignettes par E. Bayard.

— *Le Livre de maman;* 2e édit. 1 vol. avec 68 vignettes par E. Bayard.

— *Cécile ou la petite sœur;* 3e édit. 1 vol. avec 23 vignettes par Desandré.

— *Lettres de deux poupées;* 4e édit. 1 vol. avec 59 vignettes par Olivier.

— *Le petit colporteur;* 4e édit. 1 vol. avec 27 vignettes par A. de Neuville.

— *Les mémoires d'un petit garçon;* 5e édit. 1 vol. avec 86 vignettes par E. Bayard.

— *Les mémoires d'un caniche;* 4e édit. 1 vol. avec 75 vignettes par E. Bayard.

— *L'enfant du guide;* 3e édit. 1 vol. avec 60 vignettes par E. Bayard.

— *Petite et grande;* 2e édition. 1 vol. avec 48 vignettes par E. Bayard.

— *Les quatre pièces d'or;* 3e édit. 1 vol. avec 51 vignettes par E. Bayard.

— *Les deux enfants de Saint-Domingue;* 2e édit. 1 vol. avec 54 vign. par E. Bayard.

— *La petite maîtresse de maison.* 2e éd. 1 vol. avec 27 vignettes par A. Marie.

— *Les filles du professeur;* 2e édition. 1 vol. avec 36 vign. par Kauffmann.

— *La famille Harel.* 1 vol. avec 48 vignettes par Valnay et Ferdinandus.

Grimm (les frères) : *Contes choisis,* traduits de l'allemand par Fr. Baudry. 1 vol. avec 40 vignettes par Bertall.

Hauff : *La caravane,* traduit de l'allemand, par le même; 3e édit. 1 vol. avec 40 vignettes par Bertall.

— *L'auberge du Spessart,* traduit de l'allemand par le même; 3e édit. 1 vol. avec 61 vignettes par Bertall.

Hawthorne : *Le livre des merveilles,* traduit de l'anglais par L. Rabillon.
  1re série, avec 20 vign. par Bertall. 1 vol.
  2e série, avec 20 vign. par Bertall. 1 vol.
  Chaque série se vend séparément.

Hébel et Karl Simrock : *Contes allemands,* imités de Hébel et Karl Simrock, par N. Martin, 3e édit. 1 vol. avec 25 vignettes par Bertall.

Johnson (R. L.) : *Dans l'extrême Far West.* Aventures d'un émigrant dans la Colombie anglaise, traduites de l'anglais par A. Talandier; 2e édit. 1 vol. avec 20 vignettes par A. Marie.

Marcel (Mme Jeanne) : *L'école buissonnière ;* 2e édit. 1 vol. avec 28 vignettes par A. Marie.

— *Le bon frère ;* 2e édit. 1 vol. avec 21 vignettes par E. Bayard.

— *Les petits vagabonds ;* 2e édit. 1 vol. avec 25 vignettes par E. Bayard.

Maréchal (Mlle). *La dette de Ben-Aïssa ;* 2e édition. 1 vol. avec 20 vign. par Bertall.

— *Nos petits camarades.* 1 vol. avec 18 vign. par Bayard, Castelli, etc.

Marmier : *L'arbre de Noël ;* 2e édit. 1 vol. avec 60 vignettes par Bertall.

Mayne-Reid (le capitaine). Ouvrages traduits de l'anglais :

— *Les chasseurs de girafes,* traduit par H. Vattemare ; 3e édit. 1 vol. avec 10 vignettes par A. de Neuville.

— *A fond de cale,* traduit par Mme H. Loreau ; 3e édit. 1 vol. avec 12 vignettes.

— *A la mer !* traduit par Mme H. Loreau ; 5e édit. 1 vol. avec 12 vignettes.

— *Bruin, ou les chasseurs d'ours,* traduit par A. Letellier. 1 vol. avec 8 vignettes.

— *Le chasseur de plantes,* traduit par Mme H. Loreau. 1 vol. avec 12 vignettes.

— *Les exilés dans la forêt,* traduit par Mme H. Loreau ; 4e édit. 1 vol. avec 12 vignettes.

— *Les grimpeurs de rochers,* traduit par Mme H. Lorau. 1 vol. avec 20 vignettes.

— *Les peuples étranges,* traduit par Mme H. Loreau. 1 vol. avec 8 vignettes.

— *Les vacances des jeunes Boërs,* traduit par Mme H. Lorau. 1 vol. avec 12 vignettes.

— *Les veillées de chasse,* traduit par H. B. Révoil. 1 vol. avec 43 vignettes par Freemann.

— *L'habitation du désert,* ou Aventures d'une famille perdue dans les solitudes de l'Amérique. Traduit par Le François. 1 vol. avec 24 vignettes par G. Doré.

Muller (Eugène). *Robinsonette ;* 3e éd. 1 vol. avec 22 vignettes par Lix.

Peyronny (Mme de), née d'Isle : *Deux cœurs dévoués ;* 3e édit. 1 vol. avec 53 vignettes par J. Devaux.

Les deux premières éditions ont paru sous le titre de : *Histoire de deux âmes.*

Pitray (Mme la vicomtesse de) : *Les enfants des Tuileries ;* 3e édit. 1 vol. avec 57 vignettes par Bayard.

— *Les débuts du gros Philéas ;* 2e édit. 1 vol. avec 17 vignettes par Castelli.

— *Le château de la Pétaudière ;* 2e édit. 1 vol. avec 78 vign. par A. Marie.

Rendu (V.) : *Mœurs pittoresques des insectes.* 1 vol. avec 49 vignettes.

Ouvrage couronné par la Société pour l'instruction élémentaire.

Sandras (Mme) : *Mémoires d'un lapin blanc ;* 3e édit. 1 vol. avec 20 vignettes par E. Bayard.

Ouvrage couronné par la Société pour l'instruction élémentaire.

Sannois (Mme la comtesse de) : *Les soirées à la maison ;* 2e édit. 1 vol. avec 42 vignettes par E. Bayard.

Ségur (Mme la comtesse de) : *Après la pluie le beau temps ;* 2e édit. 1 vol. avec 128 vignettes par E. Bayard.

— *Le mauvais génie ;* 3e édit. 1 vol. avec 90 vignettes par E. Bayard.

— *Comédies et proverbes ;* 6e édit. 1 vol. avec 60 vignettes par E. Bayard.

— *Diloy le chemineau ;* 4e édit. 1 vol. avec 90 vignettes par H. Castelli.

— *François le bossu ;* 5e édit. 1 vol. avec 114 vignettes par E. Bayard.

— *Jean qui grogne et Jean qui rit ;* 6e édit. 1 vol. avec 70 vignettes par Castelli.

— *La fortune de Gaspard ;* 5e édit. 1 vol. avec 32 vignettes par Gerlier.

— *La sœur de Gribouille ;* 6e édit. 1 vol. avec 72 vignettes par Castelli.

— *L'auberge de l'ange gardien ;* 10e édition. 2 vol. avec 71 vignettes par Foulquier.

— *Le général Dourakine ;* 9e édit. 1 vol. avec 100 vign. par E. Bayard.

— *Les bons enfants ;* 7e édit. 1 vol. avec 70 vignettes par Ferogio.

— *Les deux nigauds ;* 8e édit. 1 vol. avec 76 vignettes par Castelli.

— *Les malheurs de Sophie ;* 11e édit. 1 vol. avec 48 vignettes par Castelli.

— *Les petites filles modèles ;* 8e édit. 1 vol. avec 21 grandes vignettes par Bertall.

— *Les vacances ;* 6e édit. 1 vol. avec 36 vignettes par Bertall.

— *Mémoires d'un âne ;* 9e édit. 1 vol. avec 75 vignettes par Castelli.

— *Pauvre Blaise ;* 3e édit. 1 vol. avec 63 vignettes par Castelli.

— Quel amour d'enfant! 5e édit. 1 vol. avec 79 vignettes par E. Bayard.

— Un bon petit diable : 7e édit. 1 vol. avec 100 vignettes par Castelli.

Stolz (Mme de) : *La maison roulante;* 4e édit. 1 vol. avec 20 vignettes sur bois par E. Bayard.

— Le trésor de Nanette; 3e édition. 1 vol. avec 25 vignettes par E. Bayard.

— Blanche et noire; 3e édit. 1 vol. avec 54 vignettes par E. Bayard.

— Par-dessus la haie; 3e édit. 1 vol. avec 6 vignettes par A. Marie.

— Les poches de mon oncle; 2e édit. 1 vol. -avec 20 vignettes par Bertall.

— Les vacances d'un grand-père; 2e éd. 1 vol. avec 40 vign. par J. Delafosse.

— Quatorze jours de bonheur; 2e édit. 1 vol. avec 55 vignettes par Bertall.

— Le Vieux de la Forêt; 2e édit. 1 vol. avec 40 vignettes.

Switt : *Voyages de Gulliver à Lilliput, à Brobdingnay et au pays des Hanyhnhums;* traduits de l'anglais et abrégés à l'usage des enfants. 1 vol. avec 75 vignettes.

Taulier (Jules) : *Les deux petits Robinsons de la Grande-Chartreuse;* 4e édit. 1 vol. avec 69 vignettes par E. Bayard et Hubert Clerget.

Tournier : *Les premiers chants;* poésies à l'usage de la jeunesse, avec 20 vignettes par Gustave Roux.

Vimont (Ch) : *Histoire d'un navire;* 6e édit. 1 vol. avec 40 vignettes par Alex. Vimont.

Witt, née Guizot (Mme de) : *Enfants et parents;* 2e édit. un vol. avec 34 vignettes par A. de Neuville.

—La petite fille aux grand'mères; 2e édition. 1 vol. avec 36 vign. par Beau.

3e SÉRIE. — POUR LES ADOLESCENTS

ET POUVANT FORMER UNE BIBLIOTHÈQUE POUR LES JEUNES FILLES DE 14 A 18 ANS.

VOYAGES

Agassiz (M. et Mme): *Voyage au Brésil;* traduit de l'anglais par Vogell et abrégé par J. Belin de Launay. 1 vol. avec 10 gravures et une carte.

Aunet (Mme L. d') : *Voyage d'une femme au Spitzberg;* 4e édit. 1 vol. avec 34 gravures.

Baines (Th.) : *Voyage dans le sud-ouest de l'Afrique;* traduits et abrégés par J. Belin de Launay; 2e édit. 1 vol. avec 1 carte et 22 gravures.

Baker (S. W.) : *Le lac Albert;* 2e édit. Nouveau voyage aux sources du Nil. 1 vol. abrégé sur la traduction de Gustave Masson par J. Belin de Launay, avec 16 vignettes et 1 carte.

Baldwin : *Du Natal au Zambèze,* 181-1866. Récits de chasse. Traduits par Mme Henriette Loreau et abrégés par J. Belin de Launay; 2e édit. 1 vol. avec 24 gravures et 1 carte.

Burton (Le capitaine) : *Voyages à La Mecque, aux grands lacs d'Afrique et chez les Mormons,* abrégés par J. Belin de Launay. 1 vol. avec 12 gravures et 3 cartes.

Catlin : *La vie chez les Indiens,* traduit de l'anglais; 4e édit. 1 vol. avec 25 gravures.

Fonvielle (W. de) : *Le Glaçon du Polaris.* Aventures du capitaine Tyson, 2e édit. 1 vol. avec 19 grav. et 1 carte.

Hayes (Dr J.-J.) : *La mer libre du pôle.* Traduction de M. F. de Lanoye. 1 vol. avec 14 gravures et 1 carte.

Hervé et de Lanoye : *Voyage dans les glaces du pôle arctique;* 4e édit. 1 vol. avec 40 gravures.

Lanoye (Ferd. de) : *Le Nil et ses sources;* 3e édit. 1 vol. avec 32 gravures et cartes.

— Ramsès-le-Grand, ou l'Égypte il y a trois mille trois cents ans; 2e édition. 1 vol. avec 39 vignettes par Lancelot, Bayard, etc.

— La Sibérie; 2e édition. 1 vol. avec 48 vignettes par Lebreton, etc.

— Les grandes scènes de la nature; 3e édit. 1 vol. avec 40 gravures.

— La mer polaire, voyage de l'*Erèbe* et de la *Terreur.* et expédition à la recherche de Franklin; 3e édit. 1 vol. avec 29 gravures et des cartes.

8

Livingstone (David et Charles) : *Explorations dans l'Afrique australe*, abrégées par J. Belin de Launay. 1 vol. avec 20 gravures et 1 carte.

Mage (L.) : *Voyage dans le Soudan occidental*, abrégé par J. Belin de Launay. 2e édit. 1 vol. avec 16 gravures et 1 carte.

Milton et Cheadle : *Voyage de l'Atlantique au Pacifique*, traduit et abrégé par J. Belin de Launay. 1 vol. avec 16 gravures et 2 cartes.

Mouhot (Henri) : *Voyages dans les royaumes de Siam, de Cambodge et de Laos*, relation extraite du Journal de l'auteur, par F. de Lanoye. 1 vol. avec 28 gravures et 1 carte.

Palgrave (W.G.) . *Une année dans l'Arabie centrale*, traduction abrégée par J. Belin de Launay, avec 12 gravures et une carte. 1 vol.

Perron d'Arc : *Aventures d'un voyageur en Australie; neuf mois de séjour chez les Nagarnooks ;* 2e édit. 1 vol. avec 24 vignettes par Lix.

Pfeiffer (Mme Ida) : *Voyages autour du monde;* abrégés par J. Belin de Launay ; 2 édit. 1 vol. avec 17 gravures et 1 carte.

Piotrowski : *Souvenirs d'un Sibérien ;* 2 édit. 1 vol. avec 10 gravures.

Schweinfurth (G.) : *Au cœur de l'Afrique (1866-1871)*. Traduction de Mme H. Loreau; abrégée par J. Belin de Launay. 1 vol. avec 16 vignettes et 1 carte.

Speke : *Les sources du Nil*, édition abrégée par J. Belin de Launay des Voyages de Speke et de Grant ; 3e éd. 1 vol. avec 24 gravures et 3 cartes.

Stanley : *Comment j'ai retrouvé Livingstone*. Traduction de Mme Loreau, abrégée par J. Belin de Launay. 1 vol. avec 16 vignettes et 1 carte.

Vambéry (A.) : *Voyages d'un faux derviche dans l'Asie centrale*, traduits de l'anglais par E. D. Forgnès et abrégés par J. Belin de Launay ; 2 édit. 1 vol. avec 18 gravures et 1 carte.

HISTOIRE

Le loyal serviteur : *Histoire du gentil seigneur de Bayard*, revue et abrégée, à l'usage de la jeunesse, par Alph. Feillet ; 2e édit. 1 vol. avec 36 vignettes par P. Sellier.

Monnier (Marc) : *Pompéi et les Pompéiens ;* 3e édit. à l'usage de la jeunesse. 1 vol. avec 22 vignettes par Thérond.

Plutarque : *Vie des Grecs illustres*, édition abrégée par Alph. Feillet sur la traduction de M. E. Talbot ; 2e édit. 1 vol. avec 53 vignettes par P. Sellier.

— *Vie des Romains illustres*, édition abrégée par A. Feillet sur la traduction de M. Talbot. 1 vol. avec 69 vignettes par P. Sellier.

Retz (cardinal de) : *Mémoires*, abrégés par Alph. Feillet, avec 35 vignettes par Gilbert, etc. 1 vol.

LITTÉRATURE

Bernardin de Saint-Pierre : *Œuvres choisies*. 1 vol. avec 12 vignettes par E. Bayard.

Cervantès : *Histoire de l'admirable don Quichotte de la Manche ;* édition à l'usage de la jeunesse. 1 vol. avec 64 vignettes par Bertall et Forest.

Homère : *L'Iliade et l'Odyssée*, traduites par P. Giguet et abrégées par Alph. Feillet. 1 vol. avec 33 vignettes par Olivier.

Le Sage : *Aventures de Gil Blas*, édition à l'usage de la jeunesse. 3 vol. avec 50 vignettes par Leroux.

Mac-Intosch (Miss) : *Contes américains*, traduits par Mme Dionis. 2 vol. avec 120 vignettes par E. Bayard.

Maistre (Xavier de) : *Œuvres choisies*. 1 vol. avec 15 vignettes par E. Bayard.

Molière : *Œuvres choisies*, abrégées à l'usage de la jeunesse. 2 vol. avec 22 vignettes par Hilemacher.

Virgile : *Œuvres choisies*, traduites et abrégées à l'usage de la jeunesse, par Th. Barrau et Alph. Feillet. 1 vol. avec 20 vignettes par P. Sellier.

Paris. — Impr. E. Capiomont et V. Renault, rue des Poitevins, 6.